本书出版得到国家自然科学基金面上项目"知识异质度和知识协同绩效关系的量化研究——基于实践社区社交数据的实证分析"（批准号：71572015）和北京联合大学科研项目"基于数字技术赋能和BOP内容生产的平台价值共创机制研究"的资助

知识异质度、知识协同与 BOP内容生产

陈建斌 等◎著

ZHISHI YIZHIDU ZHISHI XIETONG YU BOP NEIRONG SHENGCHAN

经济管理出版社
ECONOMY & MANAGEMENT PUBLISHING HOUSE

图书在版编目（CIP）数据

知识异质度、知识协同与 BOP 内容生产 / 陈建斌等著 . —北京：经济管理出版社，
2021. 8

ISBN 978-7-5096-8228-9

Ⅰ.①知…　Ⅱ.①陈…　Ⅲ.①知识管理—研究　Ⅳ.①G302

中国版本图书馆 CIP 数据核字（2021）第 175717 号

组稿编辑：任爱清

责任编辑：任爱清

责任印制：黄章平

责任校对：董杉珊

出版发行：经济管理出版社

　　　　　（北京市海淀区北蜂窝 8 号中雅大厦 A 座 11 层　100038）

网　　　址：www.E-mp.com.cn

电　　　话：（010）51915602

印　　　刷：唐山昊达印刷有限公司

经　　　销：新华书店

开　　　本：720mm×1000mm /16

印　　　张：12.25

字　　　数：214 千字

版　　　次：2021 年 12 月第 1 版　2021 年 12 月第 1 次印刷

书　　　号：ISBN 978-7-5096-8228-9

定　　　价：78.00 元

前　　言

　　"企业中知识的贡献不在于数量的多少，主要取决于知识的流动速度。"知识在流动中与其他的知识产生碰撞，在碰撞过程中实现知识创新和知识利用。知识管理的目标就是将最恰当的知识在最恰当的时间传递给最恰当的人，从而使他们能够更好地利用知识做出最好的决策，这就是"知识协同"的精髓。

　　进入 Web 2.0 时代后，互联网赋予了每个知识拥有者更强大的知识生产能力，给每个知识需求者提供了更强大的知识获取能力，然后在平台上双方实现了连接和协作，产生了新的知识和新的社会关系，这就是知识协同的重要绩效——知识资本和社会资本的增值。显然，只有拥有不同的知识（只有具有一定的异质知识）才能产生协同的需求和可能，知识异质度成为知识协同的前置条件。很多研究已经表明，知识异质度与知识创新的关系呈倒 U 形，异质度过低或过高，都不利于知识创新的实现。那么，如何定量化研究两者之间的关系呢？几年前，本研究团队开始依托国家自然科学基金项目的支持，以半开放的在线企业实践社区为研究对象，开展了知识异质度与知识协同绩效关系的量化研究，并取得了一定的成果。

　　当互联网应用更进一步影响到产业层面时，以知乎、百度知道等为代表的知识平台应运而生，知识付费成为新的商业模式，知识生产进入商业化时代。从传统的社会化 UGC（User-Generated Content）到当前的商业化 PGC（Professional-Generated Content），当更多的人参与到知识协作的过程中时，知识异质度、知识协同、数字赋能、平台激励等相互交织，资本、流量、生态、创新各显其能。知识付费时代，知识精英和"网络大 V"的专业化内容生产备受瞩目，但由于生产人数少、生产周期长，无法满足大规模用户的知识需求，BOP（Bottom of the Pyramid）内容生产就成为一种新的知识生产形态。互联网内容服务具有典型的创生性（Generativity）特征，能在数字技术支持下不断通过用户反馈和参与而持续拓展和迭代，强调大量异质用户参与以及生态特征。BOP 群体规模很大，有着明显的资源禀赋差异性和巨量的隐性价值，一旦在互动中被发掘、被激发，将具有更大的经济价值和社会价值。对知识平台来说，规模化发掘 BOP 人群参与"创生"既是一种现实选择又是一种创新机遇。正是基于这样的时代背景，研究团队在前期知识异质度和知识协同研究的基础上，进一步拓展研究视野，将这两个重要概念置入互联网知识平台情景，并结合平台商业化和社会化双重激励机制，开展了 BOP 内容生产的概念开发、价值共创机制、平台赋能机制等方面的初步研究，在此一并奉献给读者。

本书出版得到国家自然科学基金面上项目"知识异质度和知识协同绩效关系的量化研究——基于实践社区社交数据的实证分析"（71572015）和北京联合大学科研项目"基于数字技术赋能和 BOP 内容生产的平台价值共创机制研究"的资助。

本书由陈建斌总体策划并撰写了主要内容。其中，第三章的参与人有郭彦丽、高书丽，第四章的参与人有周莹莹、高书丽，第六、第七章的主要完成人是周莹莹，第八、第九章的主要完成人是牛文静。郭洁、张富利参与了文稿整理。在此一并感谢。

目　　录

第四章　知识异质度与知识协同绩效的关系 ·· 036

第一章 背景

第一节 引言

引例一：企业实践社区

宝洁公司 CEO 兼总裁雷富礼（A. G. Lafley）在 2000 年新上任时发现，公司有越来越多的研发投入却没有得到应有的回报，创新成功率在 35% 左右停滞不前，因而丢掉了超过一半的市场份额。雷富礼利用几年的时间改造宝洁的创新文化，主要举措之一是在互联网上建立内部创新社区，创立了"C&D 创新模式"，让内部研发人员与全球最有创意灵感的外部研究机构、客户、供应商、个人甚至竞争对手等松散的非宝洁员工组成群体智慧，按照消费者的需求进行有目的的创新，让各项创新提案在全球范围内得到最优的配置，获得了巨大成功。到 2006 年，超过 35% 的宝洁新产品中都有来源于公司外部的创意成分，研发生产率提高了近 60%，创新成功率提高两倍多，创新成本下降了 20%……互联网和开放创新模式，在汇聚来自全球精英的异质知识和信息实现创新的同时也大大降低了创新成本，实现了创新绩效的快速增长。如今，越来越多的企业依托互联网建设实践社区开展知识协同，外部异质知识推动了更有效的企业创新。这种模式下，知识异质度与创新绩效之间的关系发生了明显变化，为知识创新理论新发展提供了新契机。

引例二：在线知识平台

2021 年初，悟空问答发布公告称将于 2021 年 1 月 20 日起从各大应用商店下线，悟空问答 APP 将无法下载；于 2 月 3 日停止运营，关闭服务，悟空问答 APP 将无法注册、登录、发布内容、查看已发布内容及查看他人发布的内容。几乎同时，知乎迎来了十周岁庆典，并宣布品牌焕新升级，品牌 Slogan 由"有问题，上知乎"升级为"有问题，就会有答案"，并有 IPO 上市传闻。"悟空问答的失败……给了互联网上唯流量论、唯资本论致命一击，流量与资本可以创造出一个内容社区，但却无法赋予创作者留存的根本因素——社区生态。"①

网上吐槽悟空问答的痛点集中在用户群（一高两低）、平台功能、界面与规则（板块推荐、话题机制、折叠机制；内容定位及分发方式；算法及其价值观），激励机制（羊毛党），互动关系（问答水平和讨论氛围）等。有关研究也表明，悟空问答存在着话题标签少、搜索功能和互动功能弱、内容专业化程度低、用户素质低等问题（曾昭娴，2018）。

创新来自不同知识、信息以及经验间的重新组合，异质性的信息与知识构成创新的基础（Galunic & Rodan，1998）。例如，苹果公司整合全球范围内消费类电子厂商、芯片制造商、音乐公司、软件公司、电脑厂商等的异质性知识资源，实现了自身的创新价值。这种全球化、跨产业、跨领域的协同创新是组织协同、知识协同和机制协同的高度统一，其中，知识协同是协同创新的核心（佟泽华，2012）。知识协同是通过知识资源的不同组合创造新知识的过程，其创新绩效既依赖于知识资源的异质程度，也受企业学习方式和创新策略的直接影响（魏江等，2014）。

根据绩效的不同，创新可以划分为渐变式和突变式两种（Dewar & Dutton，1986）。渐变式是以企业现有的知识资源为依托，对原有技术轨道进行延伸和拓展，强调采用开发（Exploitative）式组织学习对现有知识进行提炼、整合、强化和改进；突变式是指企业产品或技术领域的巨大变革，强调获取和创造全新知识，对应的学习方式则是探索（Exploratory）式组织学习（Jansen et al.，2006；March，1991）。由此可见，基于较低异质性知识资源的知识协同往往导致渐变创新，而高异质度知识的协同可以导致突变创新（见表1-1）。

---

① http：//tech. ifeng. com/c/83GOPKeRiGP.

表 1-1　知识异质度–组织学习–创新绩效关系

知识异质度	知识来源	组织学习方式	创新绩效
低	企业内部	开发式（Exploitative）	渐变创新
高	企业外部	探索式（Exploratory）	突变创新

虽然高异质度知识能够带来更多的创新绩效（突变创新），但同时带来协同成本、整合成本、研发成本的增加，异质性知识之间也会产生知识冲突，当创新成本超出知识异质性所带来的规模经济和溢出效应时，创新绩效反而下降（Ellen & Sebastian，2014）。同时，很少有企业采取单一的创新策略或学习方式，而更多的企业既要开发内部现有的知识，又要从外部获取有益的高异质度知识，从而被称为双元组织（Ambidextrous Organization）（Raisch et al.，2009）。尤其是当知识管理进入以"知识协同"为标志的发展阶段时，许多组织以协同/协作、共享、合作创新为主题，凭借形态各异的虚拟实践社区进行知识协同和交互（Deng et al.，2013）。基于 Web 2.0 技术的企业实践社区或知识社区成为新时期企业知识创新的主要支撑平台。虚拟实践社区的数字化、非摩擦特性，大幅度降低了知识管理成本，企业不仅能便利地开发和共享内部知识，也能引导员工、客户、供应商等介入解决问题过程从而获得更多异质性的外部知识。

进入数字经济时代，知识活动既有数字化平台的支持，知识资源又以数字化形态形成资源集聚和流动，知识产业得到快速发展机会，知识付费、知识社区商业化、知识企业平台化等依托互联网的新模式、新业态层出不穷。从企业内部的知识管理到跨越边界的虚拟企业知识协同，再到平台用户参与知识生产的 UGC、PGC，众多的普通网络用户介入了平台内容生产者行列，知识产业进入大众生产时代。其中，BOP 用户①参与知识生产、内容生产也成为一种新的商业现象。像知乎，传统以知识精英为主要的内容生产者，为更多的精英化用户提供知识服务，在商业化背景下开放平台注册后，大量普通用户涌入平台并有一定规模的内容生产者，带来了更多的知识异质性，这时平台如何协调平台生态，如何激励更多的知识生产和更良性的知识生态，就需要特别的赋能与激励措施。

本书即瞄准知识异质度核心概念，一方面，研究知识异质度与知识协同绩

---

① 借用 BOP 的概念，指处于金字塔底层的普通用户。本书第八章有详细解释。

效之间的关系，包括组织学习、社会网络等变量的中介、调节效应等；另一方面，关注拥有较高异质度的普通用户，尤其是 BOP 用户参与内容生产的动机、行为和影响因素，对当前以知识平台如知乎、短视频平台如抖音、网络小说平台如阅文、连尚等的运营提供决策参考。

第二节　本书主要内容

本书主要包括两部分：第一部分是以企业实践社区为研究对象，围绕知识异质度与知识协同绩效的关系，讨论组织学习、社会网络等中介、调节变量对它们的影响；第二部分把研究焦点延伸到更具开放性的知识社区或知识平台，探讨 BOP 内容生产的基本概念和基于可供性的知识协同赋能机制。两部分的研究互为补充，充分展示了 Web 2.0 时代知识主体在知识社区或平台支持下的互动协作，为知识协同理论发展提供有益参考。

一、知识异质度和知识协同绩效的关系研究

（一）研究模型

1. 知识异质度的层次划分

知识异质度是一个综合的概念，包含了知识及其社会属性的多个层面。研究表明，知识异质度的不同层次对创新绩效发挥着不同的作用（吴岩，2014）。知识异质度的价值是多元的，需要从更为细节的层次深入研究。Felin 和 Hesterly（2007）在研究知识异质度价值来源时强调，必须从个体层面着手研究才能真正理解创新价值的源泉。本书在理论研究的基础上，拟在个体层面和组织层面分别讨论知识异质度的层次。

（1）个体层面。知识异质度有显性/隐性、明晰/默会、浅层/深层、专业/经验/思维等多种划分方法。本章以实践社区的知识协同活动为研究对象，按度量难度将知识异质度划分为三个层次：社会属性异质度、学科属性异质度、个体属性异质度。其中，社会属性异质度如身份、学历、职位等方面的差异最容易识别，学科属性异质度如技术与专长领域等，可以通过实践社区的文本挖掘、知识

图谱构建和学科领域划分进行识别；个体属性异质度如价值观、态度、偏好等最难度量，可借用基于情感的 Web 挖掘对知识主体及其知识偏好进行标注与分析。

（2）组织层面。Henderson 和 Clark（1990）在分析知识与创新之间的关系时提出，创新的实质是元件知识和架构知识不同程度的知识重组（Knowledge Recombination）。对于一个成功的创新而言，既需要有丰富的元件知识来实现各个子功能，还需要有丰富的架构知识来实现各个子功能的联系和连接。有学者更进一步扩展认为，架构知识就是那些系统性的、整合型的知识，存在于组织的例行工作或程序中，具有一定的隐性知识特点（彭凯、孙海法，2012）。与此类似，许强和施放（2004）在研究母子公司协同创新时也提出功能性知识和组织性知识的划分。功能性知识属元件知识，包括服务或产品的市场营销、人力资源管理、财务、生产等方面的知识，组织性知识属架构知识，包括组织的行动方略和组织运行规范，其主要发挥对不同的功能性知识进行协调和整合的作用。基于此，本章把组织知识的异质度划分为元件知识异质度和架构知识异质度两个层次；其中，元件知识异质度可以综合个体知识异质度进行测度，而架构知识异质度的测量难度较大，需要研究专门的方法。

2. 知识异质度与知识协同绩效的关系模型

研究表明，知识异质度与企业创新绩效之间存在倒 U 形曲线关系，知识异质度增加并不一定带来创新绩效的增长。在知识密集型企业的实践社区中，知识协同大量存在，协同绩效与企业创新绩效正相关。因此，我们建立"知识异质度-知识协同绩效"动态博弈模型，用以验证倒 U 形曲线关系的存在，探寻中国情境和社交媒体情境下曲线变化趋势及不同层次异质度的曲线间的差别。

本书前期研究提出，知识协同绩效评价可从社会资本和知识资本两个方面的增值进行度量，并提出 Web 2.0 社交平台下的具体测量思路。企业实践社区中的知识协同，参与者主要是企业员工、顾客、供应商等，在解决实践问题中既积累知识成果又增进网络联系强度，有利于建立信任与互惠的网络协同机制。以企业百科为例，协同编辑的词条数量和质量代表了知识资本的增值，参与者的社区声誉、互动等形成社会资本的增值。

为了阐释知识异质度对知识协同绩效影响的管理学意义，本书选择网络嵌入和组织学习分别作调节变量和中介变量。知识网络是知识和信息传递、流通的路径、关系和结构，对异质知识的重组和碰撞产生直接的影响（Rodan & Galunic，2004）。组织学习反映企业关于学习的战略、文化、机制等多个方面，既包括内部的正式学习机制，也包括其对非正式组织如实践社区中的知识参与者的影响机制（Knowta & Chitale，2012）。近年来很多国内学者发现，国外的管理经验模式在我国的实践运用过程中存在"水土不服"的现象，这主要与中国特有的东方文化背景相关（刘慧敏，2014）。Hofstede（2000）认为，中国是一个高权力距离、高集体主义和高长期导向的国家，从而影响企业员工在知识共享、知识协同中的动机与行为模式（赵书松，2013）。因此，本书将重点剖析中国情境下的组织学习机制在知识异质度与知识协同绩效之间的中介作用。

根据上述讨论建立本书的理论框架，如图1-1所示：

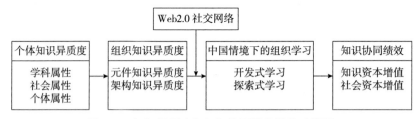

图1-1　知识异质度与知识协同绩效的关系模型

（二）基于博弈理论的量化分析

通过定性分析发现两个问题：一是当知识异质度较低时，创新绩效也低；当知识异质度极高时，知识协同绩效呈现分化趋势。二是知识的社会属性和个体属性发挥不同的影响作用，导致绩效曲线的不同。那么，知识异质度在何区间能够保证知识协同的最优绩效呢？超过何值会发生曲线分化呢？不同层次的知识异质度对创新绩效的影响有何种差别？这是本部分定量研究的重点。

本书将通过企业实践社区知识协同的博弈分析，推演知识异质度最优区间的下限值、上限值和最优值，奠定量化研究的数值基础。

（三）基于实践社区数据的实证研究

通过实践社区的博弈分析建立知识异质度与知识协同绩效关系的理论框架，通过社交数据的定量计算进行中国情境和社交媒体情境下的关系验证与对比分析。本部分通过问卷调查的方法，对理论分析与实践计算之间的印证与差异从组织学习的视角进行管理学意义上的解构。

二、知识平台 BOP 内容生产与协同机制研究

互联网时代，集"知识共享"与"网上社交"功能于一身的"在线知识社区"（Online Knowlegment Community，OKC）应运而生。随着注册限制放开，大量普通用户涌入，代表性 OKC 如豆瓣网、知乎等，已经从备受好评、飞速发展的初期步入了发展的第二个阶段：大众知识生产时代。巨大的信息容量和随时随意的插入、编辑，大大增加了信息数量与混乱程度，改变了传统在线交流方式，知识社区运营面临着复杂局面。在知乎成功之外，却有 Encarta 关停、Google Answers 夭折、Wikipedia 衰退（黄令贺和朱庆华，2013；Halfaker et al.，2013）以及悟空问答独立运营不足四年的退出。同样是问答社区，为什么优质创作者更喜欢知乎？为什么流量和资本也无法打造社区生态？OKC 知识协同及其赋能和激励机制值得关注。

本部分基于可供性、知识协同和赋能理论，在社会-技术视角下深层剖析 OKC 平台知识协同的赋能和激励机制。

（一）OKC 的平台可供性研究

首先完成 OKC 概念研究，将其分解为平台可供性与知识可供性，其次重点讨论平台可供性与组织特性、用户需求之间的关系。OKC 可供性可以划分为平台可供性和产品可供性，其中，平台可供性包含社会可供性和技术可供性，产品可供性聚焦于 OKC 知识资源可供性，简称知识可供性。

OKC 平台是知识寻求者与贡献者交流的数字化互动载体，更是用户知识的基本载体，即平台专用知识载体。平台专用知识包括两个方面：一是关于用户的知识，即关于用户的个体属性、社交网络、行为方式和技术需求等知识，据此可以开发针对性的协作工具，进行用户画像和精准推荐，表现为平台功能、界面和规则，即平台可供性；二是用户拥有和生产的知识，即用户贡献出来的、共同完成的知识生产成果，成为平台积累下来的战略资源，表现为知识可供性。本部分需要结合用户的知识需求多样性和异质性、平台知识资源的独特性和价值性两方面因素的互动，探讨知识可供性的内涵、特性及其形成路径等内容。

关于平台的社会可供性与技术可供性，需要进一步与平台要件（核心功能、交互界面、交互规则）进行匹配。核心功能代表了平台作为协调人的价值主张，是平台最主要的价值所在，也代表了用户的心理期望，因此，属于社会可供性

范畴；交互界面是各类用户进行交互的虚拟载体，交互规则限定了交互如何进行，反映平台基于功能需要和用户需求进行的技术体系设计，因此，属于技术可供性范畴。

在互联网情境下，为了促进用户价值创造活动，通过给用户提供平台、资源和机制，赋予用户参与和控制平台事务的权力。平台系统的功能、界面和规则受平台定位和使命的约束。根据 OKC 行业特性，本书拟选择平台定位（使命与价值主张）、资源禀赋、竞争策略作为组织特性主要维度，从而进行组织特性与平台系统匹配性研究，导出社会可供性和技术可供性，并进一步进行社会可供性和技术可供性的契合关系研究。

（二）知识可供性及知识协同机制研究

知识协同是将知识转化为价值的有效方式（Gloge et al.，2009），是平台系统的核心业务流程。OKC 可供性对知识协同的影响表现在两个方面：知识可供性为知识协同提供资源基础并直接影响知识协同过程（用户参与水平和贡献水平），平台可供性为知识协同提供基础支撑和公共服务，对知识协同绩效发挥调节作用。知识协同绩效（知识资本增值和社会资本增值）作为因变量，反映平台总体的价值实现。

基于平台可供性和知识可供性研究成果，参照 AIA 框架（石声萍等，2020），选取知识协同绩效作为因变量，知识可供性为自变量，平台可供性为调节变量，知识协同过程作为中介变量，建立知识协同的可供性研究模型。

（三）OKC 平台赋能与激励机制研究

一般意义上的赋能是指授权赋能，是通过特定方式给予特定人群能力，表现为结构赋能、心理赋能和资源赋能。OKC 如何赋能？OKC 可供性发挥技术赋能作用，主要从操作技能和知识资源方面为授权赋能提供支持，激励体系能够进一步激发用户需求，通过提升用户自主性、积极性和自信心实现赋能。因此，本书认为，OKC 可供性和激励体系共同构成了授权赋能的前因，知识协同绩效是授权赋能的结果变量。基于以上假设，本部分拟完成以下两个研究：

本章主要进行平台赋能机制的研究。基于赋能理论，将 OKC 可供性纳入技术赋能范畴，探讨技术赋能与授权赋能的关系，提出平台可供性主要发挥结构赋能和能力提升作用、知识可供性主要发挥资源赋能作用，社会可供性与激励组态主要赋能用户心理等核心假设，充分探讨平台的"创生性"和赋能机制

（见图1-2）。

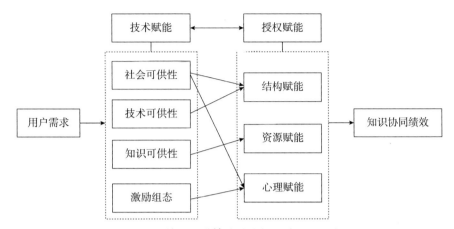

图1-2　基于可供性的赋能与激励机制研究

第二章 知识异质度与知识协同

本章首先对知识异质度的概念及其度量、知识协同的概念及其绩效评价进行概述。其次，分别对知识异质度与创新绩效的关系；社会化问答社区用户异质性对知识互动绩效的影响；团队知识异质性、内部协同网络、组织学习与企业创新绩效的关系；Web 2.0 实践社区中的知识协同及其博弈模型相关研究进行综述。最后，对现有文献进行综合评述。

第一节 知识异质度及其度量

一、知识异质度的概念与层次

异质性知识资源在企业的成长与发展中具有独特的价值，知识异质度（Knowledge Heterogeneity，KH）的概念已经成为学术界和企业界共同关注的重要主题。目前，关于知识异质度的定义有多种，例如，在营销领域，Bonner 和Walker（2004）认为，顾客知识异质度是指有影响力的顾客群在技术、市场、战略以及社会影响维度表现出对产品相关信息掌握的差异化程度。在战略领域，Rodan 和 Galunic（2004）将知识异质度定义为个体所接触网络中可获得的知识、诀窍和技能的多样化程度。在技术创新领域，Argyres（1996）认为，技术知识的异质度是对企业内部技术开发区域狭窄或广泛性的度量描述。

在国内外文献中，与知识异质度相关或相近的概念还有知识多样性（Variability/Diversity）（Rodan & Galunic，2004）、技术多样性（Technological Diversity）（Huang & Chen，2010）、认知距离（Cognitive Distance）等多种。从知识分类的角度，又可以将知识异质度分为形式（或显性）知识异质度和暗默（或隐性）知识异质度。形式（或显性）知识是指容易观察的组织或个人特质，如教育背景中的学历、所学专业、企业专利等；暗默（或隐性）知识是指个人所具备的知识技能、职业经验等（王颖等，2012）。

知识异质度是一个综合的概念，包含了知识及其社会属性的多个层面。研究表明，知识异质度的不同层次对创新绩效发挥着不同的作用（吴岩，2014）。知识异质度的价值是多元的，需要从更为细节的层次深入研究。Felin 和 Hesterly（2007）在研究知识异质度价值来源时强调，必须从个体层面着手研究才能真正理解创新价值的源泉。本书在理论研究的基础上，拟在个体层面和组织层面分别讨论知识异质度的层次。

（一）个体层面

知识异质度有显性/隐性、明晰/默会、浅层/深层、专业/经验/思维等多种划分方法。本书以实践社区的知识协同活动为研究对象，按度量难度将知识异质度划分为三个层次：社会属性异质度、学科属性异质度、个体属性异质度。其中，社会属性异质度如身份、学历、职位等方面的差异最容易识别，学科属性异质度如技术与专长领域等，可以通过实践社区的文本挖掘、知识图谱构建和学科领域划分进行识别；个体属性异质度如价值观、态度、偏好等最难度量，可借用基于情感的 Web 挖掘对知识主体及其知识偏好进行标注与分析。

（二）组织层面

Henderson 和 Clark（1990）在分析知识与创新之间的关系时，提出创新的实质是元件知识和架构知识不同程度的知识重组（Knowledge Recombination）。对于一个成功的创新而言，既需要有丰富的元件知识来实现各个子功能，还需要有丰富的架构知识来实现各个子功能的联系和连接。有学者更进一步扩展，认为架构知识就是那些系统性的、整合型的知识，存在于组织的例行工作或程序中，具有一定的隐性知识特点（彭凯、孙海法，2012）。与此类似，许强和施放（2004）在研究母子公司协同创新时也提出了功能性知识和组织性知识的划分。功能性知识属元件知识，包括服务或产品的市场营销、人力资源管理、财务、生产等方面的知识；组织性知识属架构知识，包括组织的行动方略和组织运行规范，其主要发挥对不同的功能性知识进行协调和整合的作用。基于此，本书把组织知识的异质度划分为元件知识异质度和架构知识异质度两个层次。其中，元件知识异质度可以综合个体知识异质度进行测度，而架构知识异质度的测量难度较大，需要研究专门的方法。

二、知识异质度的度量

既然知识异质度是度量一个群体或组织的知识差异化程度的重要概念，实践中或研究中有必要以某种量化方式进行衡量或测算，以确定性方式明晰知识异质的程度。但是，由于不同领域、不同学派和不同视角对知识异质度的理解和解释存在不一致性，国内外研究中关于知识异质度的度量方法也各有不同，综合来看可以归结为以下四类。

（一）基于量表方式的测度

该方法使用最为广泛，例如，Milliken 和 Martins（1996）在测度技术与知识异质度时对成员的教育背景、职务背景、职业背景、产业经验及组织成员地位等的测量；Jehn 等（1999）把团队异质度分为社会属性异质度、信息异质度和价值观异质度三维度，利用问卷调查计算；Rulke 和 Galaskiewicz（2000）将团队成员分为三种类型并采用量表测量成员的知识异质度；Bonner 和 Walker（2004）在测度客户知识异质度时，通过量表调查客户知识的相似度，进而利用集中指数（该指数类似赫芬达尔行业集中度指数）对客户知识异质度进行组合测量；Carley 和 Reminga（2004）利用知识主体共享知识过程中的相似度以及观点多样性测度知识异质度。类似的研究还有古家军（2008）、王颖（2012）、吴岩（2014）等。

（二）基于知识距离的测度

Rodan 和 Galunic（2004）、Phelps（2010）等认为，成员知识异质度来源于他通过网络获得的知识差异性，从而可以通过知识之间的距离来计算，知识异质度在 0~1 变化，其值越大，表示异质度越高，1 意味着知识完全异质。还有众多学者采用 SNA（Social Network Analysis）方法对网络知识异质度进行分析，例如，Buskens（1998）对网络信任的异质度进行度量，Criscuolo 等（2007）、Paola 等（2010）通过在企业内部的专家网页上抽取关键词，根据个体之间共享的关键词建立联系从而构建知识网络矩阵，度量成员网络中心度，以此对知识异质度进行测量；Rulke 和 Galaskiewicz（2000）采用 Blau（1977）测度了知识连接强度（Tie Intensity），从而间接反映知识异质度程度；Espinosa 等（2002）

采用任务知识的相似度来反映知识的异质度。

(三) 基于专利数据的测度

部分学者如 Lettl 等（2009）、Huang 和 Chen（2010）、Vasudeva 和 Anand（2011）基于国际专利分类（IPC）标准考察专利的广度和深度，采用传统上测度异质化的连续指数，包括 Herfindahl 指数和 Entropy 指数进行计算。还有学者利用专利数据对企业间网络知识异质度进行了测度（Sampson，2007；Vrande，2013）。

(四) 其他测度方法

Suzuki 和 Kodama（2004）采取了案例分析法测量企业技术知识异质度；Batjargal（2005）采用 IQV（Agresti & Agresti，1978）方法对知识异质度进行测度；Scholten（2006）利用公式对团队成员的知识背景异质度进行了定量分析；Leydesdorff（2007）在对科学期刊引文分析研究时，采用跨学科方法测量了知识异质度；吕洁（2013）以大学生为研究对象，采用实验研究方法测度了知识异质度。

目前关于知识异质度的测量方法主要是基于企业专利数据或知识主体的教育背景、从业经验等符号化特性的度量（Nooteboom，2007；Huang & Chen，2010；van de Vrande D，2013；王颖等，2012），因而存在着两方面的不足：一方面，获取数据较为宏观、滞后，缺乏时效性；另一方面，关于知识异质度促进企业绩效的"最优"区间的判断局限于定性表达，无法有效指导企业或团队知识资源配置的实践问题。企业如何能够实时地监测知识资源的异质度以保证创新绩效，基于 Web 2.0 的实践社区中的社交数据记载了知识主体的创新成果和创新过程，为发展实时的知识异质度测量方法提供了可能。

第二节　知识协同的概念及其绩效评价

一、知识协同的概念

知识协同是近几年知识管理研究的热点。Karlenzig（2002）最早提出"知识协同"（Knowledge Collaboration，KC）的概念，将其定义为一种组织战略方法和知识管理的发展趋势，用以动态集结内部和外部系统、商业过程、技术和关系，以最大化商业绩效。此后，国内外学者从不同视角和层面展开研究，Leijen 和 Baets（2002）指出，其目的是以互补知识的整合解决问题；陈昆玉和陈昆琼（2002）认为，企业通过整合组织的内外部知识资源，使组织学习、利用和创造知识的整体效益大于各独立部分总和的效应，即"1+1>2"的知识协同效应；樊治平等（2007）提出，知识协同是以知识创新为目标，由多个拥有知识资源的行为主体（组织、团队、个人）协同参与的知识活动过程，具有将合适的信息在合适的时间传递给合适的人的功能；佟泽华（2012）在综合上述知识协同定义的基础上指出，知识协同是知识管理中主体、客体、环境等达到的一种在时间、空间上有效协同的状态，在恰当的时间和空间，将恰当的信息和知识传递给恰当的目标或对象，并实现知识创新的"单向""双向"或"多向"的多维动态过程，是知识管理的高级阶段。

笔者认为，知识协同在微观上强调协作的"恰当性"，在宏观上强调效果的"增值性"。知识协同四个特点明显与知识转移、知识共享存在不同（陈建斌，2013），主要体现在以下四个方面：

（1）要素综合性：知识主体、知识客体、时间、环境综合一体。

（2）要素准确性：知识传递的时间、对象、空间的恰当准确。

（3）要素动态性：协同过程与时间密切相关。

（4）知识增值性：目标是创造更具价值的新知识，同时实现企业社会资本和知识资本增值。

二、知识协同绩效

由于异质性知识是通过知识协同创造了新知识和新价值，因此，知识协同在异质知识与创新绩效之间发挥重要的中介作用。由于企业创新绩效影响因素众多且难以直接度量，本书拟以知识协同绩效作为结果指标，用于观察知识异质度的影响作用。

知识异质度是知识协同的前提条件，异质知识的搜寻和处理贯穿知识协同全过程，知识异质度越高，越需要知识协同（陈建斌等，2015）。基于 Web 2.0 技术的实践社区，大大提高了企业调动知识资源的能力，从而保证了企业知识系统的异质度，为企业创新提供了源源不竭的动力。笔者前期研究（陈建斌等，

2014）提出，知识协同在微观上强调知识协作的时效性和准确性，在宏观上强调"1+1>2"协同效应导致的知识资本和社会资本增值，从而提出基于资本增值视角的知识协同绩效评价方法（见表2-1）。知识协同的产出绩效除了最终知识产品以外，内含的知识成果同时均成为企业知识资本的增值，又有知识主体之间由于联系趋强和信任增加而形成的社会资本增值。该方法尤其适用于当前众多的基于实践社区开展合作的虚拟组织、虚拟团队的知识协同绩效评价。

表 2-1 知识协同绩效评价指标体系

构念	变量	维度及其表征	参考文献
知识协同效果	社会资本增值	（1）社会互动增强：连接强度增强、新连接增加	刘佳伟（2013）
		（2）信任增强：信任、互惠、认可、归属	
		（3）共享认知增强：共同的语言、目标、观点	
	知识资本增值	显性知识资本增值：专利/工艺/流程、模块/知识/案例库等增加量	Hedlund G 和 Nonaka I（1993）
		隐性知识资本增值：个体经验和技巧的增加、团队能力的提升、组织文化和惯例的改善	
知识协作效率	准确性	（1）知识资源可获性、丰富性与关联性	张晓棠等（2012）；曹勇等（2010）
		（2）解决问题所需协作的次数	
	时效性	（3）知识搜寻时间、知识转移时间、技术可靠性	

第三节　知识异质度与知识协同绩效的关系

一、研究概况

知识协同是知识创新的重要形式，且广泛存在于知识创新活动中。知识协同的绩效在较大程度上可以反映知识创新绩效。因此，本书聚焦于知识异质度与知识协同绩效之间关系的研究，对知识创新理论具有重要意义。

知识异质度对企业成长与发展的影响是本领域的核心问题。多数学者认为，知识异质度的高低将影响到企业的知识协同绩效，它们之间的关系可以用倒 U 形的非线性关系（Nooteboom，2007；Huang & Chen，2010；Van de Vrande D，2013）进行描述，即当知识异质度较高时，企业接触外部异质性知识的机会变大，更容易产生知识协同；但当企业随之产生的协调、沟通等管理成本超过知识异质度带来的知识协同效益时，知识协同的总体绩效将呈下降趋势（见图 2-1）。国内也有较多学者对两者关系进行了研究，例如，叶江峰等（2014）、倪旭东（2014）、吴言（2014）、许强等（2014）、王颖等（2012）等。但这些研究更多是从理论上进行探讨，虽然部分研究构建了相关测算模型，但尚未展开实证研究。

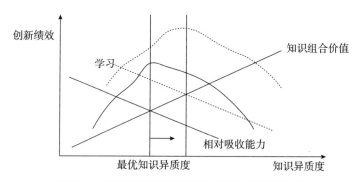

图 2-1　知识异质度与知识协同绩效的关系曲线

异质的知识资源只是企业创新的基础，不会直接产生创新成果，需要依赖一定的路径和中介。同时，知识资源嵌入企业创新情境中，也会受到不同情境因素的调节影响。因此，在研究中常将中介变量、调节变量纳入分析模型中。在中介变量方面，主要有能力视角如网络拓扑（Wang & Zhang，2010）、技术能力（郑素丽，2008）、知识吸收能力（Franco et al.，2013）等，战略视角如企业战略（Miller，2004）、技术学习惯例（郭京京，2011）、产品创新战略（何郁冰、陈劲，2011）等。其中，组织学习是知识资源与企业绩效之间的重要中介变量，因为组织学习是成员的知识和能力共享以及组织知识、组织记忆、组织惯例的形成过程，主要包括组织学习承诺、共享愿景、管理人员的开放心智以及知识共享等要素（傅慧、付冰，2007），并进一步划分为直觉感知、解释说明、归纳整合、制度化四个过程（戴万稳等，2014）。在知识资源转化为企业创新能力的过程中，组织学习能力的高低往往起着决定性作用（代吉林等，

2009）。在调节变量方面，主要有组织冗余（Huang & Chen，2010）、互补资产（贾军、张卓，2012）、企业能力（Escribano et al.，2009）、学习能力（倪旭东等，2014）、网络嵌入（Rodan & Galunic，2004；Vasudeva & Anand，2011）、组织治理（Sampson & Phelps，2010；Van de Vrande D，2013）等。

上述关于知识异质度和知识协同绩效关系的研究中，多以传统组织和国际性企业为研究对象。目前尚未明确的问题是，由于独特的传统文化和管理模式的影响，中国情境和数字经济时代，企业的知识异质度与知识协同绩效之间是否也将呈现倒 U 形的非线性关系？在何种条件下知识异质度可能对知识协同绩效产生负面影响，以及在何种条件下知识异质度可以提升知识协同绩效？这些都是本书关注的重要问题，并试图探究问题答案。

二、基于 Web 2.0 技术的实践社区知识协同

实践社区的概念最早由 Lave 和 Wenger（1991）提出。他们分析了组织中成员共享知识的行为，认为"情景学习"是知识传递的有效方式。Kogut 和 Zander（1992）认为，实践社区的作用在于连接了个人与组织间的隐性知识共享和传递过程，从而当社区成员通过不断的知识创造实践活动改进自身能力的同时，组织也获得了持续学习和创新的能力（Wenger，1998）。实践社区实际上解决了两个关键问题，即如何寻找相关的知识以及如何寻找知识的交互对象（Yang & Chen，2008）。一些研究已经证明，实践社区是一种有效的解决非结构化问题的工具（Von et al.，2004）。实践社区是网络社会中重要的组织形式之一，其成员拥有共同关注的主题，一起协作解决问题，在实践的过程中实现知识的共享与协同（白冰等，2014）。虽然实践社区本身是一种松散型组织，但却真正体现了网络社会中知识协同的作用。

国外针对基于 Web 2.0 社交软件的实践社区展开了大量研究。Krishnaveni 和 Sujatha（2012）肯定了实践社区对提升企业学习效率的积极作用；Judy（2008）通过案例研究指出，博客和百科能够改善企业的知识协作和共享；Vilma 和 Jussi（2012）则进一步指出，社交媒体在企业内部的推行，增强了员工以非正式方式贡献知识的能力，无论是共有的认知还是冲突的知识，都有利于多方观点和知识的汇聚和碰撞，有助于多方面准确地分析问题；Alexander 等（2013）通过跨部门的案例分析指出，基于社交软件的知识管理系统，比传统的知识管理组件或信息系统更灵活有效。由此可见，Web 2.0 技术高度的交

互性和灵活性、由下而上的自主参与性，为企业实践社区的知识协同注入了活力。

三、实践社区中的知识协同博弈分析

虽然 Web 2.0 技术进一步激活了企业实践社区，为企业知识管理提供了充分的条件，但知识作为一种竞争性资源，实践社区成员是否愿意付出一定的成本参与知识共享和协同，取决于个人的利益关系。影响利益关系权衡的因素主要有个人喜好、认同感、荣誉感、利他主义及个人需要（李志宏，2008），其他还包括社区组织环境、建立关系网络、增加声誉、预期收益等（季皓，2014）。根据理性行为理论，个人会做出使自己效用最大化的决策，决策过程即是知识主体之间进行博弈的过程。张娟娟等（2014）通过对虚拟社区隐性知识共享的静态、动态博弈分析，提出了提高奖励、提高易用性、兑现承诺、培育信任等策略推动知识共享。孙晶磊等（2013）建立了一个 Web 2.0 环境下知识共享进化博弈模型，分析结果表明，自我效能感、物质激励、共享知识耗费的成本、知识共享后的损失、寻找和匹配知识耗费的成本是影响知识共享策略选择的因素。张蕎（2014）同样也用博弈模型研究了网络信任在知识共享中的重要性。

张青（2013）指出，实践社区价值网络的形成来源于共同努力，创新参与者之所以加入知识网络并贡献相关的知识，是希望通过创新活动不仅能够获得相应的经济回报，而且还通过知识交流、共享获得"声望"和可能的互惠行为（Wasko & Faraj，2005）。社会交换理论认为，创新参与者之所以参与知识交流和分享贡献知识、提供信息、改进方案、回答社群成员提问等（van Wendel de Joode R & de Bruijine M，2006），是基于它们对非货币性或未来收益的预期。只有预期的收益大于成本才能使其知识贡献行为成为可能收益，包括自我效能、利他主义带来的愉悦感、组织奖励、声望和可能的互惠；成本包括个体知识贡献时耗费的编撰解释成本（Kankanhalli et al.，2005）。在网络环境下，企业知识创新嵌入在复杂的社会网络中，合作创新与知识共享是不可忽视的部分。知识的溢出效应增加了社区整体效用，既影响主体的协同动力，也影响知识协作的模式和路径的选择（朱思文、游达明，2012）。

基于异质知识的协同过程实际上是一系列复杂的知识搜寻活动，而每次知识搜寻取决于成本与收益的比较。成本来自于搜寻中的知识转化、信号识别与处理等，而收益主要是基于信任与互惠的"声望"以及知识溢出效应。当搜寻成本过高时，知识主体停止搜寻。因此，可以运用信息搜寻理论和声誉模型研究知识搜寻的边界问题，从而为知识异质度最优区间的研究提供帮助。

四、知识异质度与知识协同绩效的关系模型

综合本书笔者团队的前期研究成果可知以下三点：一是对于任何一个团队或组织（公司、企业等），知识异质性客观存在，知识异质性的高低对知识创新绩效有着较强的影响，尤其是互联网时代、知识密集型企业；二是知识协同绩效评价可从社会资本和知识资本两个方面的增值进行度量，并提出了 Web 2.0 社交平台下的具体测量思路；三是 Web 2.0 技术和社交网络支持下的企业实践社区存在着大量的知识协同行为，是中国互联网公司实现创新协作的重要平台，具有重要的研究意义。在企业实践社区，参与者主要是企业员工、顾客、供应商等，在解决实践问题中既积累知识成果，又增进网络联系强度，建立信任与互惠的网络协同机制（以企业百科为例，协同编辑的词条数量和质量代表了知识资本的增值，参与者的社区声誉、互动等形成社会资本的增值）。

为了阐释知识异质度对知识协同绩效影响的管理学意义，本书选择网络嵌入和组织学习分别作调节变量和中介变量。知识网络是知识和信息传递、流通的路径、关系和结构，对异质知识的重组和碰撞产生直接的影响（Rodan & Galunic，2004）。组织学习反映企业关于学习的战略、文化、机制等多个方面，既包括内部的正式学习机制，也包括其对非正式组织如实践社区中的知识参与者的影响机制（Knowta & Chitale，2012）。近年来很多国内学者发现，国外的管理经验模式在我国的实践运用过程中存在"水土不服"的现象，这主要与中国特有的东方文化背景相关（刘慧敏，2014）。Hofstede（2000）认为，中国是一个高权力距离、高集体主义和高长期导向的国家，从而影响企业员工在知识共享、知识协同中的动机与行为模式（赵书松，2013）。因此，本书将重点剖析中国情境下的组织学习机制在知识异质度与知识协同绩效之间的中介作用。根据上述讨论建立本书的理论研究框架（见图2-2）。

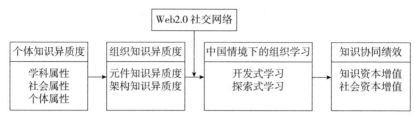

图2-2　知识异质度与知识协同绩效的关系模型

第四节　文献评述及主要结论

综合上述理论与实践研究成果，得出以下五个结论：

（1）国内外关于知识异质度的研究有三个层次：一是知识异质度的定性研究以及其与知识整合、创新绩效等的实证研究；二是知识异质度的间接度量研究，主要有显性/隐性、明晰/默会、浅层/深层、社会属性/信息属性/价值观属性等不同层次的划分和测量，多数采用基于职业、教育程度、专业背景等间接数据；三是国外采用专利数据或专利关键词的直接测量方法，并且发现了知识异质度与企业创新绩效的倒 U 形曲线关系，个别研究注意到不同层次的知识异质度与企业创新绩效的关系并不一致。而国内由于专利数据的缺失等问题，尚未有类似的定量研究成果。

（2）现有理论表明，知识异质度对企业创新绩效有决定性影响，并且呈现倒 U 形曲线关系，存在一个由"下限、上限"约束的最优区间，能够使企业创新绩效处于一个较高的水平。当知识异质度高于上限时会导致知识活动的管理协调成本高于收益，从而导致创新绩效下降。

（3）当前关于企业知识异质度定量测度的方法，尤其是知识异质度与创新绩效关系的定量研究，主要采用了国外企业的专利数据。一方面，专利数据对企业知识资源的代表性不足，具有本身的局限性；另一方面，我国的专利制度不够完善，专利数据不足以支撑知识异质度的定量测算，倒 U 形曲线关系在我国还未得到验证。

（4）无论是企业专利等客观数据，还是其他基于量表的主观数据，目前关于知识异质度的定量研究均有数据滞后、操作性差、高度概括性的问题。关于最优区间的认识仅限于定性推断，还未能就最优区间的上限、下限、最优值等关键数值给出定量研究的成果。因此，需要更具实时性、操作性、科学性的知识异质度测量方法。

（5）当前企业广泛应用 Web 2.0 平台如企业论坛、内部博客和百科等开展知识共享和知识协作。这些社交平台具有典型的实践社区特征，而其数字化特性使知识协同的过程与结果具备了可视化的追踪、计算和更为复杂的度量可能性。在国内企业的实践社区中，针对中国情境和社交媒体进行知识异质度与知识协同绩效的量化研究，将进一步丰富企业创新理论体系，也为企业知识系统的治理实践提供参考，因此有着重要的理论意义和实践意义。

第三章　创新团队知识协同绩效研究

创新团队大量存在于各类企事业单位，尤其是知识密集型企业，如文化创意企业、科技创新类企业等。目前国家大力提倡"文化与科技融合"，通过科技融合推动文化产业的发展，文化创新同时具有了科技特征。以信息技术（IT）为先，信息科技的发展极大地推动了文化产业的发展，同时 IT 领域以团队为核心的创新机制，也促进了文化创意团队的发展。对于文化创意产品而言，智力资本的投入是最重要的投入，而对于智力资本多以灵活的团队机制进行管理，这更适合创造宽松的创新和协作氛围，从而推动整体的创新产出。因此，创新团队的知识协同、知识创造显得尤为重要。如何构建有效的团队机制以及培育促进团队氛围是创新团队发展的重要课题。

第一节　研究综述

一、团队知识异质性

20 世纪 70 年代开始就有学者关注团队异质性，Blau（1977）最早提出团队异质性主要是针对人口统计学的变量而言，通过统计团队中成员特性的多元性而表现团队成员特性离散的程度。Tajfel（1981）的研究开创了团队异质性研究的理论基础，他提出的社会认同理论认为，团队成员对其团队身份的认知会显著影响其态度与行为，进而对团队目标产生影响。

学者们在探讨团队异质性的内涵时往往与其结构维度一并研究。Jehn（1999）将团队异质性分为社会类别异质性（性别、种族、民族等）、信息异质性（由教育背景、工作经验等产生的观点和意见的差异）和价值观异质性。Harrison

等（2002）将团队异质性分为浅层异质性和深层异质性，浅层异质性主要是指人口统计特征方面的差异，例如，年龄、性别、种族等；与浅层异质性相对的深层异质性指团队成员心理方面的差异，又如，人格特质、价值观以及态度、偏好和信念等方面的差异。Simon（2006）将团队异质性分为"任务取向"与"关系取向"两个维度，其中，任务型异质性包含工作经验、教育背景与职能背景等，而关系型异质性包含年龄、性别、国籍等。牛芳等（2011）将创业团队异质性分为身份相关异质性（性别、年龄、种族等）和任务相关异质性（行业经验、职能经验、教育程度等）。连远强（2017）认为，团队成员异质性可从资源、能力、生态位等异质性来度量。尤莉（2017）认为，知识异质性主要是个人的知识技能、职务背景、专业经验等一系列因素所导致的差别。夏晗（2018）从知识异质性和社会关系网络异质性两个维度进行异质性分类。

一、组织内部协同网络

组织内部协同网络是指组织内研发人员之间的协作关系网络（Carnabuci & Operti，2013）。社会网络理论认为，个体之间的互动与联系构成了交互合作网络。活动主体在网络中视为网络节点，网络节点之间建立的互动关系构成了网络中的"边"，这些网络节点与边都嵌入到社会网络中。网络节点所处的网络位置及结构特征对其行为产生一定的影响，进而给其后续绩效和竞争优势带来影响（张闯，2008；沈惠敏，2013）。鉴于社会网络具有多维度、多层次的结构特征，本章将从网络密度、网络中心度和连接强度来对科技型企业组织内部协同网络进行刻画。其中，网络密度和网络中心度是社会网络结构维度指标，而连接强度是关系维度指标。关系维度是对结构维度的有益补充（姚小涛、席西民，2008）。

组织内部协同网络是创新团队成员个人学习延展到组织学习的重要途径。通过内部协同网络互通有无，可以使组织内部或企业内部不同人员所具备知识和信息进行重新组合、传递或配置，从而推动知识共享、实现企业创新绩效。因此，加强组织学习已成为驱动企业创新的关键因素之一。March（1991）基于学习策略的视角，将组织学习划分成利用式学习和探索性学习两种类型。本章借鉴此类划分方法，其中，利用式学习偏重于对现有技术的开发利用，倾向于基于已有资源进行选择、精炼以及追求效率；探索性学习偏重于对基础性共性技术开展探索性研究，以突破现有的技术范式和拓展现有的知识领域。组织学习是影响企业绩效的重要因素。从组织学习的角度来看，通过利用式和探索式学习可以不断更新企业的知识库，进而形成新的资源，有助于提升企业创新绩效。科技型企业科研团队的组织学习受到组织内部协同网络的影响，而组织学习可能会进一步对其创新绩效产生影响。由此，组织学习（探索性学习和开发性学习）在组织内部协同网络与企业创新绩效之间起到了中介作用（窦红宾，2011）。

三、协同创新氛围

协同创新氛围是团队成员对影响其创新能力发挥的工作环境的一种共享认知，是能够影响员工态度与行为的重要情境变量。创新氛围包括提供充足的资金、时间、设备资源，鼓励成员大胆尝试创新并容忍创新失败风险，有助于使成员认识到创新是企业的重要工作方法。研究表明，当企业容忍创新风险、认可并鼓励创新工作方式时，有利于企业绩效提升。Eisenbeiss 等（2008）认为，在一个组织环境中，如果组织成员感到组织氛围是和谐安全的，就会积极主动地去学习和吸收新事物，从而提升自主创新绩效。

Hogan 和 Coote（2014）认为，创新氛围是滋养和培育创新的重要因素，创新氛围的高低会对组织学习与协同创新绩效的关系起到调节作用。陈建军等（2018）认为，较高的创新氛围对于企业创新绩效的提升产生正向影响。本书引入协同创新氛围，深入探讨其对组织学习与企业创新绩效关系的调节效应，为组织学习与企业创新绩效的边界条件探索提供理论与实践支持。

四、团队知识异质性与企业创新绩效

很多学者提出，团队知识异质性对企业创新绩效具有促进作用，例如，Stam 等（2014）认为，异质性能够实现信息、知识、能力、技能等方面的互补。具有不同技能、经验和社会关系的人会聚在一起，通过彼此间的互动交流，更可能实现想法、经验、资源的融合和放大，从而做出更为科学的决策，最终有利于企业的生存和绩效的提升。持类似观点的学者如 Horwitz 和 Horwitz（2007）、Joshi 和 Roh（2009）、Marvel 和 Lumpkin（2007）、吴岩（2014）、刘刚等（2017）、刘慧敏等（2018）等。

也有学者认为，团队知识异质性对企业创新绩效具有消极影响。异质性强的团队成员间交流沟通更困难，团队互动中容易产生冲突，更可能缺乏积极的合作态度、信任和凝聚力，从而对团队合作与组织绩效具有负面效应，例如，Van 和 Dreu 等（2004）、Boerner 等（2011）、Williams（2016）。

还有学者认为，异质性知识对创新具有倒 U 形的非线性关系，当知识异质性较高时，企业接触外部异质性知识的机会变大，更容易产生知识创新；但当企业随之产生的协调、沟通等管理成本超过知识异质性带来的知识创新效益时，知识创新绩效将呈下降趋势。胡望斌等（2014）在研究中发现团队社会异质性与企业绩效呈倒 U 形关系。夏晗（2018）在其研究中发现创业团队知识异质性与创业绩效间存在倒 U 形关系，持有类似结论的研究还有 Nooteboom（2007）、Van de Vrande D（2013）、倪旭东（2016）等。

五、组织内部协同网络与组织学习

网络密度、网络中心度和连接强度反映了组织内部协同网络的结构属性。网络密度是社会网络结构性指标，网络密度是指在该网络中实际存在的连线和可能数量的连线的比率（王学东，2009）。它描述的是网络中关系节点之间的紧密程度。McFadyen（2004）认为，网络结构中的节点关系有利于形成较强的信任机制，这种信任机制对于知识创新以及合作等关系的形成具有积极的作用。由于网络密度越大，表明团队成员间共享的节点也就越多，因此，互动程度高，交换的知识和信息就越多（Luo，2005；Sparrowe et al.，2001）。高密度的组织内部协同网络有利于知识的传播，特别是隐性知识的传播，当搜索到的新知识被某团队成员观察或学习时，其他人可以快速跟进学习并运用，由此促进了利用式学习和探索式学习。但是，当这种密度高到一定程度时，知识同质性程度变高，有可能降低组织学习的效率和效果。

网络中心度（Network Centrality）是用来测量个人或组织在社会网络中居于怎样的中心地位，可以刻画团队成员在网络所占据位置的重要程度和声望高低（Giuliani et al.，2010）。网络中心度越高，表明团队成员的网络位置越重要，与其他人员之间所建立的合作互动渠道的数量就越多，有助于对业务相关领域的理解。高的网络中心度有助于提升团队成员的洞察力和激发出新的研究问题，创造出更多组织学习机会，包括探索性学习和开发性学习。Rowley 等（2005）认为，中心成员与伙伴间的多重连接促进了伙伴间的资源承诺，这种高水平资源承诺促进合作双方交互频率，提高了关系质量，有利于成员之间协调冲突，共同解决问题，提高组织学习的学习效果。然而，网络中心度过高，在精力与资源有限的条件下，研发团队成员有可能为了维持过高的网络中心度而迎合企业技术开发需要，开展过多的利用式学习，从而占据探索式学习的资源，即对研发团队开展探索式学习起到"挤出效应"。由此可以推断：过高的网络中心度对企业的探索式学习和利用式学习的影响存在差异，其中，利用式学习得到进一步加强，而探索式学习却受到限制。

连接强度（Tie Strength）是对结构维度的有益补充，强连接意味着主体之间有着频繁的互动、更深的感情、更高的亲密及互惠程度。从连接强度来看，组织内部协同网络连接强度直接影响着成员之间传递信息的质量和类型，进而影响组织学习。蔡宁、潘松挺（2010）等认为，强关系要求合作、信任、信息交换和协商解决问题。对于强关系，彼此接触频率较高，带来的往往是双方熟悉的、同质的信息。在接触过程中，除了技术交流之外，还有情感的投入，强连接所具有的高情感性特点，能够降低企业对知识的保护意识，合作伙伴愿意分享一些私人性信息和知识。强连接产生的信任，有助于企业之间的理解和共识，能够有效降低沟通中的冲突和误解，增强成员之间相互交流学习的意愿，知识的转移将更加默契。利用式学习要求对特定知识有深入的理解和掌握，需要对知识进行深度挖掘。强连接通常随着深度的信息交换，高效率的信息转移，能促进网络成员深层次的合作和交流，有利于深度开发利用特定领域的知识。因此，强连接有利于利用性学习。弱连接互动频率比较低，较少受到关系网络的约束，所以就更容易脱离已有的常规知识去搜寻全新的知识，弱关系倾向于建立新的网络关系，获取新知识。团队成员有机会接触到更多的网络成员，扩大了知识搜索的范围。因此，强关系带来的信任增加了对合作伙伴的依赖，从而降低了寻找新伙伴的意愿，不利于企业获取新知识，而弱连接能确保进入新领域的知识。

六、组织内部协同网络与企业创新绩效

在企业组织内部协同网络中，网络密度越大，说明知识载体之间的关系越紧密，团队内部知识共享的节点对就越多，越容易形成较为信任的知识转移通道，也越有利于提高知识协同的准确性和时效性，从而提升企业创新绩效。

中心度较高的成员在网络中比较容易获得创新的利益，可以及时获得更多的信息和了解技术的最新变化（Bae & Gargiulo, 2004），并控制相关的新信息，在企业创新方面就会越占据优势，有助于实现企业创新。中心度高的成员不容易错过关键信息，可以方便地比较各种来源的信息，并对信息进行评估，从而

提高创新效率。Granovetter（2008）认为，网络的强连接与弱连接都对企业成长绩效产生影响。社会网络中经常发生互动的强连接，很少产生新信息，弱连接在信息传播或资源传递上更重要。行为者所拥有的弱连接将比强连接给他带来更多的社会资源，这些资源主要包括社会网络中的权力、财富等，这些社会资源还需要直接或间接的社会关系来获取。Burt 的"结构洞理论"认为，弱连接是一座信息沟通的"桥梁"，它创造了更多短途径的局部桥梁。企业可以利用网络桥，获得大量非冗余、多样化的信息，促进知识转移和加强信息的控制。

第二节　理论模型与假设

根据社会网络理论，一个团队就是一个整体网络，这个网络的特征以及网络中不同节点之间构成的关系和团队属性影响着节点之间的知识协同。因此，概念模型如图 3-1 所示。

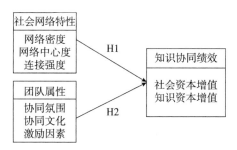

图 3-1　概念模型

一、社会网络特性

社会网络特性主要包括网络密度、网络中心度、连接强度。

（一）网络密度

网络密度是社会网络结构性指标，网络密度是指在该网络中实际存在的连线和可能数量的连线的比率（王学东等，2009）。它描述的是网络中关系节点之间的紧密程度。McFadyen（2004）认为，网络结构中的节点关系有利于形成较强的信任机制，这种信任机制对于知识创新以及合作等关系的形成具有积极的作用。

在创新团队中，每一个节点都是一个独立的知识载体，这些独立的个体之间是以一种跨时空、灵活的方式组成一个知识流通的网络结构。在团队网络中，网络密度越大，说明知识载体之间的关系越紧密，团队内部知识共享的"节点对"就越多，知识协同的效应就发挥得越好（王学东等，2009）。网络密度对个体之间知识转移效果也具有重要的影响（Fritsch & Kauffeld-Monz，2016），即网络密度越大，越容易形成较为信任的知识转移通道，也越有利于提高知识协同的绩效。因此，可以假设：

H1a：网络密度与知识协同绩效呈正相关，即团队网络密度越大，团队知识协同绩效越高。

（二）网络中心度

"中心性"（Centrality）是社会网络分析中区别网络地位的基本概念，用来衡量个人或组织在社会网络中居于怎样的中心地位，常使用"点度中心势"和"点度中心度"两种指标。"点度中心势"用来刻画网络图的整体中心性，而"点度中心度"用来描述图中任何一点在网络中占据位置的核心性。这里采用"点度中心度"指标来刻画网络中心度。

根据社会网络理论，"点度中心度"是根据与该节点有直接关系的点的数目来测量的。如果一个点与其他许多点直接相连，就说明该点具有较高的点度中心性，从而拥有较大的资源获取能力。处在网络结构中心位置的关键节点，对网络结构中的知识协同起着重要的作用（Tsai，2001）。根据社会网络理论，个体在网络中的中心度越高，与其他个体的联系就越多，与其他个体之间进行知识交换的途径和通道就越多，越有利于该网络中的知识协同。因此，可以假设：

H1b：网络中心度与知识协同绩效呈正相关，即中心度越高，团队知识协同绩效越高。

（三）连接强度

网络密度和中心性是社会网络结构维度指标，而连接强度是关系维度指标。关系维度是对结构维度的有益补充（姚小涛、席酉民，2008）。有关连接强度对知识共享和知识转移等的影响的研究成果颇多。研究发现，连接强度在群体间知识转移过程中充当着非常重要的角色（Uzzi & Laneaster，2003）；从知识源角度、连接强度和网络密度在个人之间的知识转移过程中也具有重要的作用（Reagans & Mcevily，2003）。当项目团队中个体之间的连接路径越短、连接数量越多时，团队中节点获取的知识准确性越高，解决问题的针对性越强，项目完成时间越短。即连接强度越高，知识协同绩效越高。因此，可以假设：

H1c：连接强度与知识协同绩效呈正相关，即团队网络的连接强度越高，团队知识协同绩效越高。

综上所述，即有：

H1：网络特性与知识协同绩效呈正相关。

二、团队属性

团队属性主要包括团队的协同氛围、协同文化、激励因素。

（一）协同氛围

Sveiby 和 Simons（2002）在其论文中对协同氛围进行了深入研究，认为协同氛围是影响知识共享及知识创造行为和意愿的重要因素，并从员工态度、工作群组支持、直接管理者和组织文化四个方面对协同氛围进行了测量。因此，在知识协同过程中，具有不同知识背景的团队成员通过大量的相互协作加速了知识创新的实现过程，成员间的相互协作正是协同氛围的形成效果。在信息共享、互相尊重、彼此信任的良好协作氛围下，拥有不同观点和思维方式的团队成员更愿意将自己的才能和经验在组织内部、组织间进行共享。成员间的沟通和合作将有助于知识的搜寻、传输和创造，进而提升知识协同绩效。因此，可以假设：

H2a：团队协同氛围与知识协同绩效呈正相关，即良好的协同氛围有助于提升团队知识协同绩效。

（二）协同文化

协同文化是团队在组织学习过程中所形成，由团队成员在长期实践过程中不断磨合、积淀形成、共同认可的信念、价值观及行为规范，并对团队成员的行为和意识产生约束作用。作为一种无形资产，协同文化常常难以进行价值描述和模仿，但却时时刻刻对团队成员的行为和思维方式产生深远的影响。当团队成员在良好的协同文化氛围中体会到自由、独立和被尊重时，他们将更积极地投身到团队工作中，不断创新，在寻找问题和解决问题的过程中，自发和自愿地进行知识协同创造。已有研究如 López（2004）等通过实证研究发现协同文化与组织绩效、知识共享呈现显著正相关关系。本书认为，良好的协同文化将有助于团队成员之间实现快速的知识交流或资源共享，从而提升知识协同的绩效，最终促进知识创造。因此，提出以下假设：

H2b：协同文化与知识协同绩效呈正相关，即良好的协同文化有助于提升团队知识协同绩效。

（三）激励因素

激励是激发人的行为动机，使之产生特定行为的过程。在团队协同过程中，激励措施是团队管理的一种行之有效的手段，不仅可以提升组织和成员之间的知识获取能力，同时也使组织和成员获得可持续发展的动力和核心竞争优势。在知识协作过程中，建立基于个人层面和团队层面的科学有效的激励机制可以有效提高团队成员之间的知识协同绩效。通过对团队成员在知识协同方面的贡献给予及时的精神或物质上的肯定，可以有效地吸引和鼓励成员之间进行知识交互、共享、融合和协同创造，从制度上通过正向激励强化团队成员之间的知识协同意愿和绩效，并消除团队知识协同过程中的消极因素。因此，可以假设：

H2c：激励因素与知识协同绩效呈正相关，即良好的激励机制有助于提升团队知识协同绩效。

综上所述，即有：

H2：团队属性与知识协同绩效呈正相关，即良好的团队协同氛围和文化，有效的激励因素都有利于正向提升知识协同绩效。

三、知识协同绩效

知识协同是通过知识交互和整合实现知识创新的过程。在这个过程中，知识主体之间的联系趋强，知识主体之间的信任、互惠、尊重认可增强。这些增量形成了社会资本总量的增加。因此，知识协同的效果可以从知识资本和社会资本的增值两个方面进行度量（陈建斌等，2014）。知识资本包括所有经过知识的获取、创新以及有价值关系的建立等智力活动所创造的资产，这可能包括团队成员能力的提升、新知识的产生、流程和制度的改善等；连接主义将社会资本的概念引入到知识协同，认为社会资本是由社会连接和社会互动所产生的利益、价值或资产等。在分析知识创造时，众多研究者将社会资本作为主要研究要素之一（Nahapiet & Ghoshal，1998）。知识协同的目的是知识创造。文化创意团队的知识创造是不断通过社会网络获取社会资本的过程。在这一过程中，知识协同意味着知识网络中连接的增强和新连接的增加，即社会资本的增值。

第三节 研究设计

一、量表及问卷设计

采用结构化问卷来收集数据，测量指标主要借鉴国内外的现有研究量表对观测变量进行改进，通过访谈及预调研进一步对问卷进行调整和修正，最终形成的调查问卷包含42个题项。其中，网络密度（wlmd）和网络中心度（wlzxd）各有3个题项；网络连接强度（ljqd）有5个题项；团队协同氛围（tdfw）和协同文化（tdwh）各有5个题项；激励因素（tdjl）有4个题项；知识协同绩效的两个维度即知识资本增值和社会资本增值各5个题项；基础信息有7个题项。问卷采用李克特5度量表，其中，"1"表示"极不同意"，"5"表示"极为同意"。各变量的测量维度与指标汇总情况见表3-1。

表3-1 变量测量维度

变量	测量维度	指标含义	测量量表参考文献
网络特性	网络密度	节点之间相互的连接数量，紧密程度	罗家德（2010）；朱亚丽等（2011）
	网络中心度	咨询网络中其他节点与某节点的直接联系数量，了解程度，咨询意愿	
	连接强度	认识久暂、互动频率、亲密话题、亲密行为	Granovetter（1973）；Masden 和 Campbell（1984）
团队属性	协同氛围	信任、分享	朱亚丽等（2011）
	协同文化	理解、认同、一致性	谢心灵（2010）
	激励因素	薪酬、情感、投入	

续表

变量	测量维度	指标含义	测量量表参考文献
知识协同绩效	知识资本增值	社会互动增强：连接强度增强、新连接增加；信任增强：信任、互惠、认可、归属；共享认知增强：共同的语言、目标、观点	刘佳佳等（2013）
	社会资本增值	显性知识资本增值：专利/工艺/流程、模块/知识/案例库等增加量；隐性知识资本增值：个体经验和技巧的增加、团队能力的提升、组织文化和惯例的改善	Hedlund G 和 Nonaka I（1993）

二、研究样本

以北京市文化创意及科技企业的创新型团队作为调研对象，进行了为期两个月的问卷调研，共回收问卷 250 份，其中，有效问卷 235 份，有效回收率为 94%。被调研团队基本都属于科技和文化创新领域的团队，团队中被访者的职位包括项目经理、高级顾问、研发人员等，无论就工作经历还是就经验或资历而言，均对问卷所涉及的问题具有比较好的熟悉度和敏感性，调查对象具有较高的针对性。

第四节　数据分析与假设检验

一、信度和效度检验

采用 Cronbach's α 系数来检验各变量或因素的信度，结果见表 3-2。各变量或因素的 Cronbach's α 值均超过 0.7，表明调查所使用的量表具有较好的信度。在效度方面，由于所采用的问卷借鉴了已有文献的量表，并通过专家和企业界人士咨询、预试、修正，在一定程度上具有较好的内容效度。为进一步考察量表的结构效度，采用验证性因子分析法（CFA）对量表进行检验（见表 3-2）。结果显示，KMO 值均超过 0 5 的最低水平，且都显著。由于各变量因子载荷均大于 0.5，说明各因子对相应潜变量具有较强的解释力，因此，问卷具有较好的结构效度。

表 3-2 量表信度及效度检验结果

变量名称	维度及问题编号		因子载荷	KMO	α 值
网络特性	网络密度	wlmd_1 ~ wlmd3	0.565 ~ 0.683	0.739	0.815
	网络中心度	wlzxd_1 ~ wlzxd_3	0.610 ~ 0.739		
	连接强度	ljqd_1 ~ ljqd_5	0.591 ~ 0.778		
团队属性	协同氛围	tdfw_1 ~ tdfw_5	0.558 ~ 0.805	0.838	0.841
	协同文化	tdwh_1 ~ tdwh_5	0.612 ~ 0.713		
	激励因素	tdjl_1 ~ tdjl_4	0.763 ~ 0.825		
知识协同绩效	知识资本增值	zszb_1 ~ zszb_5	0.671 ~ 0.828	0.865	0.859
	社会资本增值	shzb_1 ~ shzb_5	0.648 ~ 0.812		

二、回归检验

以网络密度、网络中心度、连接强度三个因素以及协同氛围、协同文化、激励因素三个因素作为自变量，知识协同绩效作为因变量对数据进行回归分析，结果如表 3-3 所示。经分析，网络密度、网络中心度、连接强度与知识协同绩效之间存在显著正相关，意味着网络密度越高、网络中心度越强、连接强度越高，知识协同绩效也越高。此外，团队的协同氛围、协同文化、激励因素对知识协同绩效均存在正向影响，即 H1a、H1b、H1c、H2a、H2b、H2c 均得到支持。

表 3-3 网络特性和团队属性对知识协同绩效的影响

假设序号	假设路径	标准化回归系数（显著性水平）	检验结果
H1a	网络密度→知识协同绩效	0.153 **	支持
H1b	网络中心度→知识协同绩效	0.192 ***	支持
H1c	连接强度→知识协同绩效	0.353 ***	支持
H2a	协同氛围→知识协同绩效	0.234 ***	支持
H2b	协同文化→知识协同绩效	0.427 ***	支持
H2c	激励因素→知识协同绩效	0.207 ***	支持

注：** 表示 $p<0.05$，*** 表示 $p<0.01$。

三、结构方程模型分析

以下将采用结构方程模型（Structural Equation Model，SEM）来研究概念模型中变量之间的关系，模型拟合指标结果见表3-4。

表3-4　模型拟合指标结果

拟合指标	χ^2/df	GFI	RMSEA	IFI	TLI	CFI
显示值	1.937	0.956	0.032	0.991	0.988	0.991

由表3-4可知，拟合优度可以接受，即可以较好地实现模型与数据的拟合，因此，我们将采用该模型进行假设验证，检验结果见表3-5。

表3-5　假设检验结果

对应假设	假设路径	路径系数	p值	检验结果
H1	网络特性→知识协同绩效	0.589	0.000	支持
H2	团队属性→知识协同绩效	0.674	0.000	支持

注：路径系数为标准化系数。

由表3-5结果可以看出，网络特性对知识协同绩效的影响路径系数为0.589，且显著，因此，H1成立。团队属性与知识协同绩效有显著的正相关关系（$p<0.001$），H2获得支持。即团队网络特性和团队属性会显著影响团队知识资本和社会资本的增值，即知识协同绩效。

第五节　研究结论

科技、文化类的创新团队是密集型知识创造的重要组织形式。通过建立高效的知识协同工作机制，充分发挥其知识型员工的集体智慧，创造更多的新知识、新技术和新产品，是很多创新型团队追求的目标。通过以上实证研究，验证了网络结构特性（网络密度和网络中心度）以及网络关系特性（连接强度）

对知识协同绩效的提升作用；验证了良好的团队协同氛围和文化以及有效的激励因素对提升知识协同绩效具有积极的意义。即社会网络特性和团队属性对知识协同绩效的正向作用得到验证。

根据以上研究结果，为了提升创新团队的知识协同绩效，可以重点采取以下三个举措：

（1）不断加强团队网络的建设力度。实际上，团队网络既包括团队成员作为节点的确定网络，也可延展到每个团队成员自己的社会网络，实现多层次网络集成。这样，团队网络的整体价值就会随着网络规模的扩展、异质性资源的引入而实现指数增长。为此，应采取以下两项措施：一是要鼓励团队成员之间加强联系与沟通，保障核心网络的协作质量；二是要鼓励团队成员把自己的社会网络引介到核心网络，为团队成员通过网络节点实现社会资本的获取和交换提供便利途径。

（2）建立和培育良好的协同文化和氛围。团队的性质就是知识与能力的互补、协同，实现"1+1>2"的绩效结果。很多团队缺少协作意识，忽视了团队整体绩效的发挥；虽然有的团队具有一定的协作意识，但却缺少有效的手段。为此要采取以下两项措施：一是创新团队要鼓励团队成员之间的知识协作行为，充分调动每个成员的积极性和主动性；二是需要加强团队制度建设，建章规制，把团队知识协同从意识到概念直到文化和制度，并设计灵活的激励措施，实现内驱与外引相结合的综合效果，激发团队协作，追求知识创新绩效增值。

（3）充分应用社会化社交平台等技术平台推动知识集成与协同。互联网社会化媒体平台，为团队知识协同提供了良好的机遇和支撑。一方面，社会化媒体平台为每个团队成员赋予了突破时空的知识共享、知识交流机会，从技术上保障实时性和低成本性；另一方面，平台能够以超强的存储和计算能力，提升团队成员的信息搜寻和知识协作效率，进一步强化团队成员之间的联系，使社会网络有形化、数字化、资产化。所以，创新团队需要通过各种手段如使用在线的知识协同平台或建设团队内部的自媒体网络等，强化知识协同绩效。

第四章　知识异质度与知识协同绩效的关系

第一节　引言

作为研发团队的关键特征，知识异质性是激发团队不断进行创新的一个重要因素。创新的本质是对不同知识、信息以及经验间的重新组合与再创造，异质性的信息与知识构成创新的基础（刘泽双等，2018）。在研发团队中，不同领域的任务知识分布于各团队成员之间。知识异质性使团队成员可以专注于创造活动中的不同问题，通过彼此互动交流更好地实现信息的融合。因而，异质性知识不仅可以带来多样化的认知资源，迸发出创新的火花，还能增加团队成员对不同想法的理解和接受，有利于识别和解决那些需要创造性思维的难题。然而，在研发过程中会遇到诸多的困难和阻碍，并非知识异质性越大越好，特别是团队内部成员差异化较大时，常常出现人际协调、交流沟通等方面的损耗，往往会深刻影响团队成员的行为或决策，进而影响企业绩效。

目前，对于研发团队知识异质性与创新绩效之间的影响机理尚未有一致的结论，例如，团队成员如何有效利用知识异质性、知识异质性如何作用于企业创新绩效以及知识异质性在什么条件下贡献于企业创新绩效等问题仍缺乏清晰的理解。基于此，本章选取组织学习作为中介变量，分析知识异质性在研发团队组织中产生的不同影响，深入探讨研发团队知识异质性如何通过组织学习来影响企业创新绩效以及协同创新氛围对组织学习与企业创新绩效的调节效应，进一步指导管理者积极利用研发团队知识异质性来提升企业创新绩效。

第二节　文献回顾与研究假设

一、创新团队知识异质性

创新团队一般是由若干在知识、能力、经验、观念、思维方式、行为习惯和性格特征等方面存在差异的人组成的群体，该群体的一个显著特征是其各成员所具有的知识之间存在一定的差异。换言之，异质性是研发团队的一个基本特征，研发团队知识异质性的高低必然会对其知识创新绩效产生重要的影响。

在第三章第　节中，已对团队知识异质性的学术发展进行了一定的梳理。本章认为，虽然不同研究对团队知识异质性所采用的定义与测量方法有所差异，但在本质上都体现了团队成员个人的知识技能、职务背景、专业经验等一系列因素所导致的差别，都是知识异质性的不同表现。因此，本章中研发团队知识异质性是指各成员个体在知识结构、种类、内容和水平等方面存在的特征差异度，反映的是团队成员在知识要素层面的区别程度，抑或是知识要素在研发团队知识体系中空间分布状态的不均匀性，主要从教育背景、知识技能、业务技能和工作经历四个方面来度量团队知识异质性。

二、创新团队知识异质性与企业创新绩效

尽管已有研究结论普遍支持团队异质性对创业绩效具有影响，但对这一影响的作用机理仍存在争论。很多学者提出团队知识异质性对企业创新绩效具有促进作用，例如，Stam 等（2014）认为，异质性能够实现信息、知识、能力、技能等方面的互补，具有不同技能、经验和社会关系的人会聚在一起，通过彼此间的互动交流，更可能实现想法、经验、资源的融合和放大，从而做出更为科学的决策，最终有利于企业生存和绩效提升。持类似观点的学者还有 Harrison 等（2002）、Horwitz 和 Horwitz（2007）、Joshi 和 Roh（2009）、Marvel 和 Lumpkin（2007）、李夏楠等（2012）、吴岩（2014）、刘刚等（2017）、刘慧敏等（2018）等。

也有学者注意到了团队知识异质性对企业绩效的负面影响。异质性强的团队成员间交流沟通更困难，团队互动中更容易产生冲突，更可能缺乏积极的合作态度、信任和凝聚力，从而对团队合作与组织绩效具有负面效应，相关研究包括Van和Dreu等（2004）、古家君等（2008）、Boerner等（2011）、邓丽芳和丁喆（2012）、Williams（2016）。

还有学者综合知识异质性与创新绩效的正负两方面的影响，提出异质性知识与创新具有倒U形的非线性关系。当知识异质性较高时，企业接触外部异质性知识的机会变大，更容易产生知识创新；但当企业随之产生的协调、沟通等管理成本超过知识异质性带来的创新效益时，知识创新整体绩效将呈下降趋势。胡望斌等（2014）在研究中发现，团队社会性异质性与企业绩效呈倒U形关系；夏晗（2018）在其研究中发现，创业团队知识异质性与创业绩效间存在倒U形关系。持有类似结论的研究还有Nooteboom（2007）、van de Vrande D（2013）、叶江峰等（2014）、倪旭东（2016）等。

创新团队需要借助成员间不同的知识储备来推动新观点、新思维的产生，进而为企业提供持续创新的动力。创新团队成员知识异质性的差异往往在一定程度上决定了他们在决策中的不同认知模式、能力乃至社会心理。如果创新团队高度同质化时，认知缺乏互补，不利于组织内部决策质量的提高；当创新团队知识异质性较大时，意味着团队拥有多样化的专业知识体系和多样化的认知模式，从而可获取的信息来源越广泛、思维方式越多元，有利于团队成员从不同角度来认知和分析面临的复杂问题。这种异质性会给企业带来更广阔的视野、更丰富的社会资本和更开放的心智模式，促进有效决策和创新行为。

但是，如果成员间异质性太大时，团队成员之间更容易发生认知、价值观等方面的冲突，削弱团队的凝聚力以及合作关系，最终使团队和企业绩效下降。因此，只有适度的团队异质性，才能保证成员间彼此间交流的质量，进而促进企业的绩效。基于此，本章从教育背景、知识技能、业务经验、工作经历方面来反映研发团队知识异质性对企业创新绩效的影响，因此提出以下假设：

H1a：研发团队成员的教育背景异质性与企业创新绩效存在倒U关系。

H1b：研发团队成员的知识技能异质性与企业创新绩效存在倒U关系。

H1c：研发团队成员的业务经验异质性与企业创新绩效存在倒U关系。

H1d：研发团队成员的工作经历异质性与企业创新绩效存在倒U关系。

三、组织学习与企业创新绩效

组织学习不同于个人学习，是企业为适应复杂环境而采取的一种获取竞争优势的重要途径，其核心是对知识的获取，进而正向影响企业的创新能力、获利能力等。March（1991）将组织学习的类型分为利用式学习和探索式学习。

利用式学习是指运用知识进行适应性学习，其所利用的知识往往是与现有知识相似的、更深层次的知识，是对现有生产工艺、产品技术和管理经验等进行整合、强化和改善，从而完善产品与服务。研发团队通过开展利用式学习活动，可以对现有知识进行更好的深化、挖掘，进而提升企业的技术能力，增强企业创新效率以及企业创新的稳定收益。因此，利用式学习往往可以对企业的创新绩效产生正向影响。

探索式学习是指企业通过对不熟悉领域知识资源的探寻，创新技术、产品或服务，在更大范围内获取新知识。企业从外部获取的新知识或新信息可以帮助企业利用新方法或新旧方法相结合以解决当前面临的问题，因此，新知识的获取会影响企业内部知识的创造与利用，进而支持、补充或增强企业内部的研发能力，促使企业更早地识别机遇、拓展市场。Wadhwa 和 Kotha（2006）认为，探索式学习通过对内外部资源的重组、再创造帮助企业获得新颖的技术解决方案、开拓新的市场，有助于企业克服"锁定"（Lock-in）及"能力陷阱"问题，提升企业研发与创新能力，加快创新与商业化速度，从而促进企业创新绩效的增加。

从产出的角度来看，探索式学习给企业带来崭新的知识，利用式学习则提高了知识转化为创新绩效的概率，两种学习模式之间的互动可形成一种"知识的演化循环"（Zollo & Winter，2002）。两者间的互补及平衡能够有效促进知识的整合，从而有助于企业提高新产品开发效率、发现新的增长点。因此，同时进行探索式学习和利用式学习可以帮助企业增强竞争优势、提高企业绩效、实现可持续发展。利用式学习和探索式学习都能帮助企业获取竞争优势（Levinthal & March，1993），发现新的市场机会，更好地满足市场需求（Eisenhardt & Martin，2000）。然而，从学习本身的特点来看，学习能力会产生锁定现象，企业容易对已形成的学习轨迹产生依赖（Levitt & March，1988）。前期通过利用已有知识带来的成功经验以及探索新领域带来的失败经历会在企业中一直延续，也就是利用式学习带来更多的利用，探索式学习带来更多的探索。所以，如何实现两种具有不同学习逻辑的学习行为对企业来说十分重要。

基于此，本章提出以下假设：

H2：利用式学习与企业创新绩效之间存在正向相关关系。

H3：探索式学习与企业创新绩效之间存在正向相关关系。

四、组织学习的中介作用

（一）创新团队知识异质性与组织学习

团队知识异质性只是企业创新的基础，不会直接产生创新成果，需要依赖一定的路径和中介。组织学习理论认为，组织需要对异质性知识资源进行有效的筛选、吸收与整合，这实际上是一个组织学习的过程。郭尉（2016）认为，不同的异质性对企业创新绩效会产生不同的影响。邢蕊（2017）认为，成员之间异质性产生的知识、技术和观念的差异化，有助于提升企业的学习能力。目前，为数众多的企业都采用组建研发团队的方式来开展研发活动。在组建团队时，团队成员的教育背景、知识技能、业务经验和工作经历等均存在一定差异，这些异质性给企业带来广泛的信息和资源，团队也会花更多的时间让成员彼此交流。基于此，本章提出以下假设：

H4：创新团队知识异质性与利用式学习存在正相关关系。

H5：创新团队知识异质性与探索式学习存在正相关关系。

（二）组织学习的中介作用

由以上的论证分析可以看出，创新团队知识异质性对组织学习有正向作用，组织学习可以帮助企业创造新知识、获得新技能、开发新产品，从而提升企业创新绩效。因此，本章认为，组织学习是团队知识异质性与企业创新绩效之间的重要中介变量。基于以上分析，本章提出以下假设：

H6：利用式学习在创新团队知识异质性与企业创新绩效的关系中起中介作用。

H7：探索式学习在创新团队知识异质性与企业创新绩效的关系中起中介作用。

五、协同创新氛围的调节作用

协同创新氛围是团队成员对影响其创新能力发挥的工作环境的一种共享认知，是能够影响员工态度与行为的重要情境变量。创新氛围包括提供充足的资金、时间、设备资源，鼓励成员大胆尝试创新并容忍创新失败风险，有助于使成员认识到创新是企业的重要工作方法。研究表明，当企业容忍创新风险、认可并鼓励创新工作方式时，有利于企业绩效提升。Eisenbeiss 等（2008）认为，在一个组织环境中，如果组织成员感到组织氛围是和谐安全的，就会积极主动地去学习和吸收新事物，从而提升自主创新绩效。Hogan 和 Coote（2014）认为，创新氛围是滋养和培育创新的重要因素，创新氛围的高低会对组织学习与协同创新绩效的关系起到调节作用。陈建军等（2018）认为，较高的创新氛围对于企业创新绩效的提升产生正向影响。本章引入协同创新氛围，深入探讨其对组织学习与企业创新绩效关系的调节效应，为组织学习与企业创新绩效的边界条件探索提供理论与实践支持。因此，提出以下假设：

H8：协同创新氛围在利用式学习与企业创新绩效之间起到正向调节作用。

H9：协同创新氛围在探索式学习与企业创新绩效之间起到正向调节作用。

综上所述，本章建立理论模型，如图 4-1 所示：

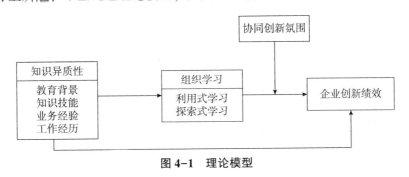

图4-1 理论模型

第三节 研究设计

一、变量测量

本章的测量量表主要借鉴国内外已有成熟量表，其中，知识异质性参考了吕洁（2013）、孙凯（2016）的研究，主要从教育背景、知识技能、业务经验、工作经历四个方面进行测度；组织学习分为利用式学习和探索式学习，主要参考尹惠斌等（2014）的研究，分别设置了5个题项进行度量。企业创新绩效主要根据陈建斌等（2015）的研究成果，从知识资本增值和社会资本增值两个维度进行度量，并分别设置5个题项。调节变量为协同创新氛围，主要参考张芮（2014）、刘云和石金涛（2009）等的研究，设置了6个题项。问卷计分方式采用李克特7点量表进行测量，其中，"1"为极不同意，"7"为极为同意。为了确保数据回收质量，在正式问卷形成前，访谈了相关学者和企业研发团队管理者并进行了预调研，根据专家及预试者提出的意见，对问卷的题项内容以及表达方式进行进一步修订和完善，最终形成本次问卷。

二、数据收集

本次调查样本主要来自IT服务外包企业的创新团队，由研究小组委托专业调研机构实施调查，共向75家企业的研发人员发放问卷，最终回收有效问卷255份。从年龄来看，调查对象主要集中在40岁以下；从受教育程度来看，主要以本科为主，占到65.9%；在调查者中，高层管理者占5.5%，中层、基层管理者分别占20.8%、27.1%，技术研发人员占28.2%；有近75%的调查对象的工作年限超过3年；在团队规模方面，30人及以下占比为61.2%，而100人以上的团队相对较少，仅有2.7%。

三、信度与效度的检验

表4-1显示了量表信度和效度的检验结果。由于获取的数据为横截面数据，因而进行了内在信度检验。

表4-1　信度和效度分析

变量		Cronbach's α值	因子载荷	累计方差解释量（%）	KMO值	Bartlett's球形检验的显著性概率
创新团队知识异质性	（1）教育背景异质性	0.707	0.761~0.725	73.397	0.829	0
	（2）知识技能异质性	0.828	0.792~0.869			
	（3）业务经验异质性	0.821	0.701~0.845			
	（4）工作经历异质性	0.72	0.744~0.861			

变量		Cronbach's α 值	因子载荷	累计方差解释量（%）	KMO 值	Bartlett's 球形检验的显著性概率
组织学习	（1）利用式学习	0.857	0.644～0.838	65.502	0.888	0
	（2）探索式学习	0.87	0.736～0.798			
协同创新氛围		0.797	0.702～0.842	62.473	0.786	0
企业创新绩效		0.863	0.749～0.857	67.048	0.871	0

由表 4-1 可以看出，各变量的 Cronbach's α 值均超过 0.7，表明调查问卷获取的数据具有较好内部一致性，问卷满足信度要求。对问卷数据进行探索性因子分析，结果显示：KMO 值均超过 0.7，Bartlett's 球形检验的 $p<0.001$，公因子累计解释总方差变异均超过 60%，各变量对应因子载荷均超过 0.6，表明单个指标的可靠性以及变量度量指标均有效，问卷具有显著的聚合效度。

第四节　实证分析

一、变量的描述性统计分析

本章涉及的主要变量有九个：团队规模、教育背景异质性、知识技能异质性、业务经验异质性、工作经历异质性、利用式学习、探索式学习、协同创新氛围和企业创新绩效。对变量进行简单的描述性统计，得到如表 4-2 所示的各个变量的均值、标准差和相关系数。结果表明：创新团队知识异质性的四个维度、组织学习与企业创新绩效存在显著的相关关系。

表 4-2　研究变量的均值、标准差及相关系数

	1	2	3	4	5	6	7	8	9
1. 团队规模	1								
2. 教育背景异质性	0.111	1							
3. 知识技能异质性	0.113	0.501 ***	1						

续表

	1	2	3	4	5	6	7	8	9
4. 业务经验异质性	0.121	0.294***	0.329***	1					
5. 工作经历异质性	0.082	0.291***	0.309***	0.295***	1				
6. 利用式学习	0.135**	0.509***	0.521***	0.146**	0.313***	1			
7. 探索式学习	0.251***	0.481***	0.391***	0.288***	0.358***	0.552***	1		
8. 协同创新氛围	0.139**	0.425***	0.437***	0.212***	0.343***	0.543***	0.403***	1	
9. 企业创新绩效	0.120	0.532***	0.515***	0.419***	0.430***	0.515***	0.428***	0.643***	1
均值	3.92	4.529	4.849	4.412	4.700	4.984	4.589	5.098	5.046
标准差	0.547	1.028	1.055	1.095	1.079	0.968	1.000	0.951	0.859

注：* 表示 $p<0.1$，** 表示 $p<0.05$，*** 表示 $p<0.01$。

二、知识异质性、组织学习的中介效应

为避免团队规模的影响，本章以团队规模作为控制变量，应用层次多元回归分析方法进行模型检验，结果见表4-3。模型1是加入控制变量对因变量进行回归，模型2是在模型1的基础上引入团队知识异质性的四个维度。由回归结果可知，团队成员的教育背景异质性、知识技能异质性、业务经验异质性对企业创新绩效均有正向影响作用，工作经历异质性对企业创新绩效的影响作用不显著。

模型3是在模型2的基础上引入自变量平方项对因变量进行回归，由回归结果可知，知识技能异质性和知识技能异质性平方的系数均显著（$\beta=0.272$，$p<0.05$；$\beta=-0.052$，$p<0.1$）。相较于模型2，知识技能异质性系数也增大（$0.253 \rightarrow 0.273$），而且知识技能异质性平方项的系数为负，因此，H1b得到验证，即研发团队成员的知识技能异质性与企业创新绩效存在倒U形关系。

模型4与模型5分别在模型2的基础上引入利用式学习与探索式学习，结果显示，两个模型拟合良好，利用式学习（$\beta=0.215$，$p<0.01$）与探索式学习（$\beta=0.126$，$p<0.01$）均对企业创新绩效有显著的正向影响，而且各模型拟合效果良好，R^2均有一定程度的提高，说明利用式学习在教育背景异质性、知识技能异质性、业务经验异质性与企业创新绩效的关系中起到了部分中介作用，但利用式学习在工作经历异质性与企业创新绩效的关系中未被证实有中介作用，

H6 得到部分支持。同样，探索式学习在教育背景异质性、知识技能异质性、业务经验异质性与企业创新绩效的关系中起到了部分中介作用，H7 也得到部分支持。

表 4-3　研究变量相关回归模型分析

变量		企业创新绩效						
		模型 1	模型 2	模型 3	模型 4	模型 5	模型 6	模型 7
控制变量	团队规模	0.189 *	0.059	0.046	0.034	0.017	0.016	0.024
解释变量	(1)教育背景异质性		0.272 **	0.261 ***	0.207 ***	0.234 ***	0.196 ***	
	(2)知识技能异质性		0.253 ***	0.273 ***	0.183 **	0.224 ***	0.182 ***	
	(3)业务经验异质性		0.131 **	0.162 **	0.159 **	0.176 **	0.154 **	
	(4)工作经历异质性		0.068	0.071	0.073	0.069	0.063	
	(5)教育背景异质性平方			−0.002				
	(6)知识技能异质性平方			−0.052 *				
	(7)业务经验异质性平方			0.024				
	(8)工作经历异质性平方			0.045				
中介变量	(1)利用式学习				0.215 ***		0.191 ***	0.355 ***
	(2)探索式学习				0.126 ***	0.062 *	0.174 ***	
模型统计量	(1)R^2	0.014	0.376	0.401	0.413	0.391	0.416	0.295
	(2)调整的 R^2	0.011	0.364	0.379	0.399	0.376	0.399	0.286
	(3)F 统计量	3.722	30.067	18.23	29.062	26.54	25.127	34.99

注：* 表示 $p<0.1$，** 表示 $p<0.05$，*** 表示 $p<0.01$。

模型 6 是在模型 2 的基础上同时引入利用式学习与探索式学习，模型 7 仅考虑在控制变量影响下组织学习与企业创新绩效的关系，结果进一步表明利用式学习、探索式学习均与企业创新绩效显著正相关，因此 H2、H3 得到验证。

表 4-4 是创新团队知识异质性的各维度对利用式学习、探索式学习进行回归分析的结果。从结果可以看出，创新团队教育背景异质性、知识经验异质性、业务经验异质性、工作经历异质性与利用式学习均具有显著的正相关关系，H4 得到验证。同样，从创新团队知识异质性的各维度对探索式学习的回归方程中可以看出：异质性各维度对探索式学习均有显著影响，因此，H5 得到验证。

表4-4 创新团队知识异质性对组织学习的影响

变量		利用式学习	探索式学习
控制变量	团队规模	0.116	0.333
解释变量	教育背景异质性	0.302 ***	0.300 ***
	知识技能异质性	0.323 ***	0.151 ***
	业务经验异质性	0.235 ***	0.146 ***
	工作经历异质性	0.134 **	0.129 ***
模型统计量	R^2	0.381	0.322
	调整的 R^2	0.368	0.308
	F 统计量	30.517	23.602

注：* 表示 $p<0.1$，** 表示 $p<0.05$，*** 表示 $p<0.01$。

三、协同创新氛围的调节效应

在验证协同创新氛围是否对组织学习与企业创新绩效产生调节作用时，为了降低可能的多重共线性影响，在构造调节变量交互项之前，对各变量进行了中心化处理。具体分析结果见表4-5。

表4-5 协同创新氛围对组织学习与创新绩效关系的调节作用

变量		模型8	模型9	模型10	模型11	模型12
控制变量	团队规模	0.24	−0.009	−0.02	−0.013	−0.019
组织学习	利用式学习	0.355 ***	0.152 ***	0.169 ***	0.153 ***	0.171 ***
	探索式学习	0.174 ***	0.116 ***	0.109 ***	0.114 ***	0.109 ***
调节变量	协同创新氛围		0.448 ***	0.463 ***	0.455 ***	0.462 ***
	利用式学习×协同创新氛围			0.059 **		0.068 *
	探索式学习×协同创新氛围				0.029	−0.014
模型统计量	R^2	0.295	0.464	0.47	0.466	0.47
	调整的 R^2	0.286	0.456	0.459	0.455	0.457
	F 统计量	34.994	54.177	44.121	43.403	36.648

注：* 表示 $p<0.1$，** 表示 $p<0.05$，*** 表示 $p<0.01$。

模型 8 验证了利用式学习、探索式学习与企业创新绩效具有显著的正相关关系，从回归系数可以看出，前者的影响相对更大一些。模型 9 在模型 8 的基础上引入调节变量协同创新氛围，验证了协同创新氛围与企业创新绩效具有显著的正相关关系（β=0.448，p<0.01）。模型 10 检验企业创新氛围对利用式学习和企业创新绩效的调节作用，两者的交互项与企业创新绩效的关系显著（β=0.059，p<0.05），因此，协同创新氛围在利用式学习与企业创新绩效之间起到正向调节作用，H8 得到验证。模型 11 检验协同创新氛围对探索式学习和企业创新绩效的调节作用，结果显示，两者的交互项与企业创新绩效的关系不显著，表明团队激励对探索式学习和企业创新绩效存在调节作用，H9 未得到验证。

第五节　结论与启示

本章探讨了以组织学习为中介变量的创新团队知识异质性对企业创新绩效的影响机制，并分析了协同创新氛围对组织学习与企业创新绩效的调节效应，通过实证分析得出以下三个结论和启示：

（1）创新团队知识异质性的四个维度对企业创新绩效的影响存在显著差异，其中，知识技能异质性与企业创新绩效存在倒 U 形关系，教育背景异质性和业务经验异质性对企业创新绩效有正向影响，而工作经历异质性未对企业创新绩效产生显著影响。其中教育背景异质性的影响最为显著，其次是知识技能异质性。异质性的知识技能可以帮助团队寻找到新颖的问题解决方法，更快地推进创新，促进创新绩效的提升，但当创新团队成员间的知识技能差异超过某一水平时，知识技能差异在企业创新过程中的获取与利用将会带来高昂的成本，导致创新产生负收益。因此，当企业组建研发团队时，应该充分考虑成员在教育背景、知识技能、业务经验等方面的差异性，并进行合理安排，促使企业形成一个拥有较高创新水平的团队。只有当团队成员教育背景多样化、专业知识分布广、成员各有所长时，团队的信息来源才会越丰富，更有价值的异质化的创新知识资源也会越多，有利于打破团队的思维定式，进一步促进企业创新能力与绩效的提升。

（2）利用式学习和探索式学习与企业创新绩效具有显著的正相关关系，其中利用式学习对企业创新绩效的影响更大。之所以这样，本章认为，源于两种组织学习类型在影响企业创新和获得持续竞争优势方面各有优势和局限。利用式学习是对现有能力、技术和范式的提高和拓展，不确定性低而且回报是可预期的，在短期内可以帮助企业提高效率，但并不利于获取持续竞争优势；而探索式学习的本质是对新的、未知领域的尝试，具有较高不确定性，取得成效所需时间较长，但在面对激烈行业竞争的情况下却能显示出积极作用，有利于企业对技术、流程和产品等进行创新。研究还发现，利用式学习在创新团队教育背景异质性、知识技能异质性、业务经验异质性与企业创新绩效的关系中起到了部分中介作用，探索式学习未被证实起中介作用。因此，创新团队应尽可能组织内部各种形式的学习活动，积极进行知识的分享、交流，加大对内外部获取资源的整合、消化、吸收，进一步推动企业的创新。企业应构建适合利用式学习活动进行的组织结构，强化利用式学习能力的培养，有效激发现有资源的活力，进而转化成卓越的创新绩效。

（3）协同创新氛围对利用式学习与企业创新绩效的关系有显著的正向调节作用。企业应为研发团队的创新活动提供资源、人力和精神等方面的支持，包容并支持员工的各种新想法，同时在企业发展过程中，不断树立具有挑战性的目标，在内部营造自由交流、沟通和信任的氛围，支持和鼓励团队成员之间的知识分享，增强团队成员之间的相互信任。这些都有助于知识的探索和利用，促进团队协同创新氛围的形成，更多地激发创新思维，最大限度地提升企业的创新绩效。

本章通过对创新团队知识异质性、组织学习与企业创新绩效关系的研究，丰富了对知识异质性与企业创新绩效关系作用机制的研究，能够给企业创新实践带来一定的启示。囿于时间与能力限制，本章仍存在一定局限。企业创新实践不可避免地受到内外部其他因素的影响。未来的研究可以在具体到某一情境下，对知识异质性、组织学习以及创新绩效的关系展开更加细化、更深入的探讨。

第五章 博弈分析

虚拟实践社区是一种跨时空、自由、开放的虚拟交流平台，社区成员通过信息交流和知识协作，互相影响、互相促进，最终实现知识创新（张蒿，2014）。虚拟实践社区的数字化、非摩擦特性，大幅度降低了知识管理成本，企业不但能够便利地开发和共享内部知识，更能够引导员工、客户、供应商等介入解决问题过程从而获得更多异质性的外部知识。当然，虽然外部知识有利于提高企业知识资源的异质程度从而有利于知识创新，但过高的异质度也会负面影响创新绩效（Ellen & Sebastian，2014）。国外学者已揭示了两者间倒 U 形曲线关系，提出知识异质度存在"最优"区间。但关于最优区间的认识仅限于定性推断，还未能就最优区间的上下限、最优值等给出定量研究的成果。在这种情况下，直接测度企业知识资源的异质度及其与知识协同绩效的关系，成为理论研究和企业实践中需要特别关注的重要问题（Krishnaveni & Sujatha，2012）。本章主要利用两阶段声誉模型进行信号博弈分析，寻求知识异质度最优区间的下限值。

第一节 研究综述

一、实践社区

实践社区的概念最早由 Lave 和 Wenger（1991）提出，他们分析了组织中成员共享知识的行为，认为"情景学习"是知识传递的有效方式。Kogut 和 Zander（1992）认为，实践社区的作用在于连接了个人与组织间的隐性知识共享和传递过程，从而当社区成员通过不断的知识创造实践活动改进自身能力的同时，组织也获得了持续学习和创新的能力（Wenger，1998）。实践社区实际上解决了两个关键问题，即如何寻找相关的知识以及如何寻找知识的交互对象（Yang & Chen，2008）。一些研究已经证明，实践社区是一种有效的解决非结构化问题的工具（Von et al.，2004）。实践社区是网络社会中重要的组织形式之一，其成员拥有共同关注的主题，一起协作解决问题，在实践的过程中实现知识的共享与协同（白冰等，2014）。实践社区本身是一种松散型组织，却真正体现了网络社会中知识协同的作用。

国外针对基于 Web 2.0 社交软件的实践社区展开了大量研究。Krishnaveni 和 Sujatha（2012）肯定了实践社区对提升企业学习效率的积极作用；Judy（2008）通过案例研究指出，博客和百科能够改善企业的知识协作和共享；Vilma 和 Jussi（2012）则进一步指出，社交媒体在企业内部的推行，增强了员工以非正式方式贡献知识的能力，无论是共有的认知还是冲突的知识，都有利于多方观点和知识的汇聚和碰撞，有助于多方面准确地分析问题；Alexander 等（2013）通过跨部门的案例分析，指出基于社交软件的知识管理系统，比传统的知识管理组件或信息系统更灵活有效。由此可见，Web 2.0 技术高度的交互性和灵活性、由下而上的自主参与性，为企业实践社区的知识协同注入了活力。

二、实践社区知识协同博弈

虽然 Web 2.0 技术进一步激活了企业实践社区，为企业追求异质知识带来了便利，但知识作为一种竞争性资源，实践社区成员是否愿意付出一定的成本参与知识共享和协作，取决于个人的利益关系。影响利益关系权衡的因素主要有个人喜好、认同感、荣誉感、利他主义及个人需要（李志宏，2010），其他还包括社区组织环境、建立关系网络、增加声誉、预期收益等（季皓，2014）。根据理性行为理论，个人会做出使自己效用最大化的决策，决策过程即是知识主体之间进行博弈的过程。张娟娟等（2014）通过对虚拟社区隐性知识共享的静态、动态博弈分析，提出提高奖励、提高易用性、兑现承诺、培育信任等策略来推动知识共享。孙晶磊等（2013）建立了一个 Web 2.0 环境下知识共享进化博弈模型，分析结果表明，自我效能感、物质激励、共享知识耗费的成本、知识共享后的损失、寻找和匹配知识耗费的成本是影响知识共享策略选择的因素。张青（2013）指出，实践社区价值网络的形成来源于共同努力，创新参与者之所以加入知识网络并贡献相关的知识，是希望通过创新活动不仅能够获得相应的经济回报，而且通过知识交流、共享获得"声望"和可能的互惠行为（Wasko & Faraj，2005）。张蕎（2014）同样也用博弈模型研究了网络信任在知识共享中的重要性。

社会交换理论认为，创新参与者之所以参与知识交流和分享贡献知识、提供信息、改进方案、回答社群成员提问等（van Wendel de Joode R & de Bruijine M，2006），是基于它们对非货币性或未来收益的预期。只有预期的收益大于成本才能使其知识贡献行为成为可能收益，包括自我效能、利他主义带来的愉悦感、组织奖励、声望和可能的互惠；成本包括个体知识贡献时耗费的编撰解释成本（Kankanhalli et al.，2005）。在网络环境下，企业知识创新嵌入在复杂的社会网络中，合作创新与知识共享是不可忽视的部分。知识的溢出效应增加了社区整体效用，既影响主体的协同动力，也影响知识协作的模式和路径的选择（朱思文、游达明，2012）。

三、知识协同博弈的声誉模型

在理性行为理论和社会交换理论支配下，虚拟实践社区的知识共享/协作是一种异质知识交换的博弈行为，此时声誉起很大的作用，上一阶段的声誉往往影响下一阶段及以后阶段的效用（利润）。现阶段良好的声誉往往意味着未来阶段有较高的效用，因此，某种类型的参与者有可能假装成另一种类型的参与者，建立声誉，在博弈快结束时利用声誉获取更高的效用。但建立声誉是需要成本的，这就涉及两者的权衡问题。Kreps 等（1982）将不完全信息引入重复博弈，建立了著名 KMRW 声誉模型，解开了有限重复博弈的悖论。此后，该声誉模型被用来研究政府治理（Barro，1986；Vickers，1986）、市场谈判（Abreu & Gul，2000）等领域的博弈问题。以 KMRW 模型为代表的传统声誉模型，一般考虑的是重复博弈，在单阶段进行静态博弈并没有考虑非完全重复博弈——上一阶段的决策（非后验推断）影响下一阶段的效用函数，如果第二阶段参与者不采取积极的行动，这一影响又会消失；一般的声誉模型，在单阶段假设是同时进行博弈，没有考虑在单阶段进行动态博弈（如信号博弈）的情形。但在现实生活中，这两种情形却较为普遍。例如，实践社区中的知识协作博弈，就符合非完全重复博弈和单阶段动态博弈的特点。肖条军和盛昭瀚（2003）在 KMRW 基础上建立了两阶段基于信号博弈（第一阶段进行信号博弈）的声誉模型，为本题的分析提供了有益的参考。

第二节　虚拟实践社区的知识协作博弈模型

基于异质知识的知识协同过程实际上是一系列复杂的知识搜寻决策活动，而每次决策取决于成本与收益的比较。社区成员参与知识搜寻将获得基于信任与互惠的"声望"以及知识溢出效应，但也会付出知识转化、信号识别与处理、个体信息损失等成本。当搜寻成本过高时，知识主体将停止搜寻。因此，可以运用信息搜寻理论和声誉模型研究知识搜寻的边界问题，即知识异质度增加到何种程度可以带来更多的效用，从而推动知识搜寻决策。此即知识异质度最优区间的下限值问题。

假设社区中存在拥有一定知识异质度的两个主体，为知识提供者。我们将通过两个主体在实践社区进行知识合作的二阶段博弈，分析达成分离均衡的最优信号，此时最优信号即为知识异质度的阈值。多阶段的情形可以看作多期的二阶段博弈。

一、模型基本假定

虚拟实践社区的知识协同是问题驱动的知识需求者与知识提供者的"恰当"对接（陈建斌等，2014），知识异质性是知识协同的前提条件。也就是说，知识需求者在社区中提出问题寻求解答和合作时，就是一种对异质知识的搜寻过程；知识提供者根据对问题的理解和自身知识资源优势参与到问题解决过程中，则是典型的知识创新过程。在此过程中，提出的问题本身、问题的答案、社区整体知识三者之间均存在一定的异质度，问题互动解答的过程实际是知识协同和增殖的过程。

基于以上理论分析，本节对博弈模型做以下五个假定：

（1）虚拟实践社区中存在着两类参与者，分别是知识需求者和知识提供者。每个参与者之间、参与者与社区整体知识之间均存在一定的知识异质度。知识异质度属于私人信息，他人只能通过发送信号、知识协作结果等途径观察预测其知识异质度的高低。

（2）在一定区间内，知识异质度越高，描述问题、知识处理等的成本越高；知识创新的增值越大。

（3）每个参与者都有动机建立声誉。知识异质度低的参与者，由于增值空间有限，有利用声誉的可能；知识异质度高的参与者，利用声誉的可能性较低。

（4）知识需求者发送知识协同的信号，知识提供者判别知识需求者的知识异质度，并根据信号决定行动。

（5）发送信号、提供知识均需要一定的成本，并带来负效用，其中既包括生成信号、处理知识等直接成本，也包括私人信息的泄露带来的价值减少。

二、模型基本概述

在第一阶段，知识需求者 s 拥有私人信息，有两种类型 $t=(L, H)$，L 表示知识异质度低类型，H 表示知识异质度高类型。假定第一阶段 s 在实践社区中还未建立声誉或是第一次参与实践社区，所以此时对于社区来说 s 是 L 还是 H 不确定。但 s 想要在实践社区中获得更高异质度的知识，一般会选择先行动，发送异质度为 $\lambda_1 (1 \geq \lambda_1 \geq 0)$ 的知识协作信号，发送信号前预测到了知识提供者 p 将采取的行动；p 接收到信号后推断 s 的类型，根据类型采取行动 $q_1 \geq 0$。第一阶段 s 的效用函数设为（肖条军、盛昭瀚，2003）

$$U_1(t, \lambda_1, q_1) = a_1 q_1 - b_1(t)\lambda_1^2 - e_1\lambda_1 \tag{5-1}$$

其中，$a_1 > 0$，等式右侧第一项表示当知识提供者 p 采取行动 q_1 时，知识需求者 s 的正效用，p 的行动越大，给 s 带来的正效用越大；$e_1 > 0$，$b_1(t) > 0$，第二、三项表示发送信号带来的负效用，即信号成本。发送信号越大，带来的负效用越大。L 类型发送信号的负效用大于 H 类型的负效用。

（1）在第一阶段，p 的效用函数设为

$$V_1(t, \lambda_1, q_1) = c(t)\lambda_1 q_1 - d q_1^2 \tag{5-2}$$

其中，$0 < c(L) < c(H)$，p 更偏好于 H 类型的 s，等式右侧第 1 项表示 p 采取行动 q_1 时的正效用；$d > 0$，第 2 项表示 p 采取行动 q_1 时的负效用，即为行动成本，边际负效用递增。

（2）在第二阶段，s 的效用函数设为

$$U_2(t, \lambda_1, \lambda_2, q_2) = a_2 q_2 - b_2(t)\lambda_2^2 - f\lambda_2 + e_2\lambda_1 \tag{5-3}$$

其中，$a_2 > 0$；$b_2(t) > 0$；$b_2(L) > b_2(H) > 0$；$f > 0$；$e_2 > 0$。右侧最后一项表示第一阶段发送的信号为第二阶段带来的正效用，其他解释同上。

三、建立声誉模型

L 类型的 s 有动机在第一阶段建立声誉，并且在第二阶段利用声誉（H 类型的 s 是没有动机的）。当考虑声誉时，如果 L 类型的 s 在第一阶段建立声誉，并且在第二阶段利用声誉，则此时算出 L 类型的 s 在第一阶段发送的最优信号 $\lambda_1 \times (t)$，此时 $t = H$。要算 s 在第一阶段的最优信号 $\lambda_1 \times (H)$，则要先算出 s 在第二阶段的最优信号 $\lambda_2 \times (t)$。

首先，由前述可知，在第一阶段，p 和 s 进行信号博弈，信号博弈的均衡结果只包含唯一的分离均衡。p 推断 s 是 H 类型还是 L 类型，并且在第二阶段按照这一信仰进行行动，因此，第二阶段的信息是完全信息。此时，p 和 s 之间的博弈是 Stackelberg 博弈，需采用逆向归纳法求解。

解 p 在 $i = 2$ 时的效用函数（5 - 2）关于 q_2 的一阶条件，得其最优反应函数

$$q_2(t, \lambda_2) = \frac{1}{2}c(t)d^{-1}\lambda_2 \tag{5-4}$$

将式（5-4）代入式（5-3）后，对 λ_2 求偏导得一阶条件

$$\frac{\partial U_2(t, \lambda_1, \lambda_2, q_2(t, \lambda_2))}{\partial \lambda_2} = \frac{1}{2}a_2c(t)d^{-1} - f - 2b_2(t)\lambda_2 = 0 \tag{5-5}$$

一阶条件式（5-5）的解即是 s 在第二阶段的最优信号，解一阶条件式（5-5），可得最优信号为

$$\lambda_2 \times (t) = \frac{1}{4}a_2 b_2^{-1}(t)c(t)d^{-1} - \frac{1}{2}b_2^{-1}(t)f \tag{5-6}$$

但由于此时在第一阶段是信息不对称的，s 拥有信息优势，两者之间进行信号博弈。由于 s 第一阶段的信号大小影响其第二阶段的效用大小，因此，从长远角度考虑，他必须注意到这些影响，记阶段贴现因子为 δ，$0 < \delta \leqslant 1$ 则 s 第一阶段的决策目标是极大化他的两时期贴现效用

$$U(t, \lambda_1, q_1) = U_1(t, \lambda_1, q_1) + \delta U_2(t, \lambda_1, \lambda_2 \times (t), q_2(t, \lambda_2 \times (t))) \tag{5-7}$$

解 p 在 $i = 1$ 时的效用函数式（5-2）关于 q_1 的一阶条件，得其最优反应函数

$$q_1(t, \lambda_1) = \frac{1}{2}c(t)d^{-1}\lambda_1 \tag{5-8}$$

由此得定理1：如果 s 和 p 的效用函数分别由式（5-7）、式（5-2）确定，

那么 s 和 p 之间满足直观标准的精炼贝叶斯均衡结果（ISGPBE）存在且唯一，唯一的 ISGPBE 是分离均衡。

将式（5-8）代入式（5-7）后，对 λ_1 求导，得一阶条件

$$\frac{dU(t, \lambda_1, q_1(t, \lambda_1))}{d\lambda_1} = \frac{1}{2}a_1 c(t) d^{-1} - 2b_1(t)\lambda_1 - e_1 + \delta e_2 = 0 \quad (5-9)$$

二阶条件也显然满足，因此，一阶条件式（5-9）的解是最优解，解之得

$$\lambda_1 \times (t) = \frac{1}{2}b_1^{-1}(t)\left[\frac{1}{2}a_1 c(t) d^{-1} - e_1 + \delta e_2\right] \quad (5-10)$$

在完全信息下，类型 t 的最优点为 $(\lambda_1 \times (t), q_1(t, \lambda_1 \times (t)))$。

在不完全信息下，L 类型的 s 对应的 ISGPBE 就是完全信息下的最优点 $(\lambda_1 \times (L), q_1(L, \lambda_1 \times (L)))$。过该点的 L 类型 s 的无差异曲线与曲线 $q_1(H, \lambda_1) = \frac{1}{2}c(H) d^{-1}\lambda_1$ 的交点方程为

$$U\left[L, \lambda_1, \frac{1}{2}c(H) d^{-1}\lambda_1\right] = U\left[L, \lambda_1 \times (L), \frac{1}{2}c(L) d^{-1}\lambda_1 \times (L)\right]$$

$$\quad (5-11)$$

解方程（5-11）得最大根

$$\lambda_{1+}^* = \frac{1}{2}b_1^{-1}(L)\left[\frac{1}{2}a_1 c(H) d^{-1} - e_1 + \delta e_2 + \sqrt{\left[\frac{1}{2}a_1 c(H) d^{-1} - e_1 + \delta e_2\right]^2 - 4b_1(L)E}\right]$$

$$\quad (5-12)$$

Where $E = \left[\frac{1}{2}a_1 c(L) d^{-1} - e_1 + \delta e_2\right]\lambda_1^*(L) - b_1(L)\lambda_1^{*2}(L)$

记 $\lambda_1^*(H) = \max\{\lambda_1^*(H), \lambda_{1+}^*\}$，在不完全信息下，则 H 类型的 s 对应的 ISGPBE 是

$$\left[\lambda_1^*(H), \frac{1}{2}c(H) d^{-1}\lambda_1^*(H)\right]。$$

四、声誉模型的解

算出 L 类型的 s 在第一阶段发送的最优信号 $\lambda_1^*(H)$ 为

$$\lambda_1^*(H) = \max\{\lambda_1^*(H), \lambda_{1+}^*\}$$

在第一阶段 s 为建立声誉而发出异质度为 $\lambda_1^*(H)$ 的知识协同信号，p 在接收

到信号 $\lambda_1^*(H)$ 后，经过判断和选择，采取最佳行动为

$$q_1(H, \lambda_1^*(H)) = \frac{1}{2}c(H)d^{-1}\lambda_1^*(H)$$

在第二阶段 p 将 s 错认为是 H 类型的，将采取需求行动为

$$q_2(H, \lambda_2) = \frac{1}{2}c(H)d^{-1}\lambda_2$$

这时，L 类型的 s 的效用函数为

$$U_2(L, \lambda_1^*(H), \lambda_2, q_2(H, \lambda_2)) = \frac{1}{2}a_2c(H)d^{-1}\lambda_2 - b_2(L)\lambda_2^2 - f\lambda_2 + e_2\lambda_1^*(H)$$

$$(5-13)$$

求解方法同上，可以得到此时的最优信号为

$$\lambda_2^*(L) = \frac{1}{4}a_2b_2^{-1}(L)c(H)d^{-1} - \frac{1}{2}b_2^{-1}(L)f \qquad (5-14)$$

由于 $c(H) > c(L) > 0$，所以 $\lambda_2^*(H) > \lambda_2^*(L) > 0$，即 L 类型的 s 在第一阶段建立声誉后，其第二阶段的最优信号大于不考虑声誉时的最优信号。

对于 L 类型的 s，上一阶段的声誉可以支持下一阶段更高的信号。如果 L 类型的 s 在第一阶段假装成 H 类型的 s，且在第二阶段利用声誉，那么在均衡时，他第一阶段的效用小于或等于不考虑声誉时他第一阶段的效用，即成立不等式

$$U_1(L, \lambda_1^*(H), q_1(H, \lambda_1^*(H))) \leqslant U_1(L, \lambda_1^*(L), q_1(L, \lambda_1^*(L)))$$

如果 L 类型的 s 在第一阶段假装成 H 类型的 s，且在第二阶段利用声誉，则在均衡时，他第二阶段的效用大于他第一阶段不假装成 H 类型的 s 时第二阶段的效用。

由此，如果 L 类型的 s 在第一阶段建立声誉且在第二阶段利用声誉，他将在第一阶段损失一部分效用，但在第二阶段将获得更多的效用。理性的 L 类型的 s 将权衡得失，比较建立声誉时两时期总效用和不建立声誉时的两时期总效用的大小，从而决定发送信号的大小。此时，发送高异质度或低异质度的知识协同信号，决定了最终效用大小。根据假定式（5-2），在知识异质度增大过程的一定区间内，实践社区是偏好于高异质度知识，因此最优信号 $\lambda_1^*(H)$ 就成为促进知识协作的触发点。L 类型的 s 需要发送异质度为 $\lambda_1^*(H)$ 的知识协同信号才能使参与双方在博弈中获得均衡结果，即知识提供者才有动机参与协同协作，促进知识创新活动的开展。

第三节 解构曲线关系对企业知识管理的意义

一、解构曲线关系的理论意义

如前所述，异质性知识资源是创新的基础，创新绩效与知识异质度存在着倒 U 形曲线关系。基于以上认识，我们可以探讨以下两个问题：

（1）何种知识异质度值或区间，能够导致最优的知识创新绩效？（最优区间问题）

（2）不同的知识异质度值或区间，应该采用何种创新策略呢？（最优策略问题）

问题：知识异质度的最优区间问题。

最优区间问题是本节研究的核心论题。如何确定这个区间的下限与上限呢？对于下限值，意味着知识异质度高于此值可较为显著地促进知识创新绩效，可以把此值看作是知识异质度开始发挥作用的阈值。本节运用声誉模型求解了知识需求者发出信号的异质度最优解 $\lambda_1^*(H)$，即是一个突破值。当企业的知识异质度处于 $(0, \lambda_1^*(H))$ 区间时，知识同化严重，企业知识创新绩效较低；当知识异质度在 $(\lambda_1^*(H), \lambda^*)$ 区间时，知识异质度对企业知识创新绩效产生显著影响（见图 5-1）。其中，λ^* 为知识异质度的上限值，当知识异质度达到上限时，随着异质度的增加，知识处理和利用的成本急骤升高，面临的创新风险越来越大，成功率越来越低，创新绩效无法弥补成本的损失。本节主要探讨下限值 $\lambda_1^*(H)$。

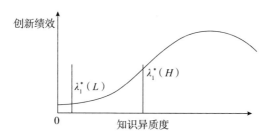

图 5-1 知识异质度最优区间的下限值

知识创新策略决定组织的学习方式。根据组织资源分配方式不同，将组织学习分为探索性（Exploratory）学习与开发性（Exploitative）学习两类。探索性学习是指与"搜寻、变异、试验、风险、灵活性、发现和创新"相关的学习活动，而开发性学习是指与"提炼、选择、生产、效率、筛选和执行"相关的学习活动。探索性学习侧重对新领域的试验，而利用性学习关注现有能力、技术和范式的提升与拓展。由于绩效的不同，创新可以划分为渐变式和突变式两种（Dewar & Dutton，1986）。渐变创新以企业现有的知识资源为依托，对原有技术轨道进行延伸和拓展，强调采用开发式组织学习对现有知识进行提炼、整合、强化和改进。突变创新是指企业产品或技术领域的巨大变革，强调获取和创造全新知识，对应的学习方式则是探索式组织学习（Jansen et al.，2006；March，1991）。基于较低异质性知识资源的知识协同往往导致渐变创新，而高异质度知识的协同可以导致突变创新（见表5-1）。

表5-1　知识异质度–组织学习–创新绩效关系

知识异质度	知识来源	创新绩效	组织学习方式
低	企业内部	渐变创新	开发式（Exploitative）
高	企业外部	突变创新	探索式（Exploratory）

由此可知，当组织的知识资源呈现低异质度时，一般采用开发式学习方法，寻求渐变创新；当组织的知识资源有较高异质度时，一般宜采用探索式学习方法寻求突变创新。根据对组织知识异质度的定量测度可以帮助企业制定适宜的知识创新策略，这是本节以后的主要研究内容之一。

二、企业知识管理的实践意义

置身当今复杂的社会及网络关系中的企业，其竞争优势取得很大程度上依赖其对知识资源的占用和调动，尤其是对异质知识的追求是互联网时代共享经济模式的显著特征。本节通过博弈论建立声誉模型，分析知识异质度的下限阈值，其目的是帮助企业把握知识异质度的大小，从而利用知识异质度带来的知识协同增加企业的知识创新绩效。具体的指导意义在于以下四个方面：

（1）实践社区要保持知识的适度异质性。过度追求兴趣爱好与专业性，异质度不高时，创新绩效将受影响。因此，要努力引进异质知识源，使整个社区

的知识异质度越过 $\lambda_1^*(H)$ 点并活跃在 （ $\lambda_1^*(H)$ ， λ^* ） 之间，极大增加社区的知识协同绩效。

（2）根据不同的战略要求和知识资源的异质程度，确定适宜的组织学习策略。当知识异质度低时，可以重点采取应用性学习策略，在专业领域进行渐进式创新；当知识异质度较高时，可以重点推动探索性学习策略，谋求多领域知识交叉和融合，获得突变式创新。

（3）企业实践社区是一个基于 Web 2.0 技术的开放系统，由知识需求者和知识供给者协作开发和共享知识，以降低知识管理成本，因而应积极引导员工、客户、供应商等介入解决问题过程从而获得更多异质性的外部知识。同时应积极开放企业边界，加大对创新人才的引进与开发，夯实创新人力资源的供给力量，为技术、知识资源的衍生、转移与应用提供平台支撑。

（4）声誉模型运用的前提就是因为不完全信息导致参与人之间缺乏信任。为了提高知识创新绩效，企业除了构建优良的网络平台之外，还应积极探索建立员工之间、企业与上下游网络之间的信任机制，秉承坦诚相待的态度强化合作协同并承担相应风险，特别是应完善与供应商、客户的信息共享机制，有效捕捉并获取异质知识、技术创新的灵感、创意和机会。

第六章 知识协同影响因素和动机实证分析

当前，企业优势地位的确立所依靠的不再仅仅是其掌握的资本和物质资源，组织中知识资源及其协同越来越成为组织创新能力和竞争优势的重要来源（樊治平等，2007）。研发团队是企业内应用最为广泛的知识协同组织形式（王颖，2012；柳艳婷，2015），团队成员创新能力的高低就决定了整个企业的未来发展。在一定程度上说，知识协同效果决定了一个组织的创新能力和竞争优势。

知识协同的研究推进到了流程、方法及模型构建等理性层面，但对于知识协同主体即知识寻求者及知识贡献者的动机、意愿等行为分析却关注不足。由于知识的内隐性和协同的主观能动性，针对知识主体的行为动机研究有利于准确把握知识交互的社会规律，有利于更有效地推动知识协作。本章从组织学习视角，把知识协同主体划分为贡献者和寻求者，研究影响他们知识协同的动机因素，揭示知识协同的内在机制，为企业知识管理的实践提供指导。

知识协同动机就是促使知识主体主动参与知识共享、知识转移、知识创造等知识协作活动内在因素。考虑到知识共享是知识协同的主要环节，知识共享动机研究成果有重要借鉴作用。目前，国内外关于知识共享动机研究主要集中在两个方面：一是知识共享动机的作用和内容，如 Baldwin 和 Ford（1988）、Gupta 和 Govindarajan（2000）从动机促进视角研究发现个体能力与动机是影响知识转移的重要因素。有学者认为动机缺失产生知识粘性，而知识粘性阻碍了组织内部的知识转移（Szulanski，1996）。随后，Hansen（1999）的研究也揭示了产品创新中存在知识转移难题的原因在于知识提供方的意愿与能力。二是知识共享动机的影响因素，国内外学者从不同的角度做出了研究（见表6-1）。

由表6-1可知，影响组织成员主动参与知识共享的因素主要集中于个体因素（包括经济、社会关系、地位等）和外界因素（包括组织环境、激励、认同等）。借鉴上述结论，考虑到知识协同活动的复杂性及参与主体的角色不同而引发的动机差异性，本章认为知识协同中知识贡献者的动机主要有个人声誉、共享意愿和群体认同感；知识寻求者的动机主要有社会地位、共享渠道和社会存在感，而且团队激励影响整个组织学习过程。

表6-1　知识共享动机影响因素研究综述

作者（年份）	知识共享动机影响因素	备注
Hendrinks（1999）	成就感、工作责任和自主性、被人认可、晋升机会和挑战	双因素理论
Scott 和 Walker（1995）	社会交往、受人尊重、自我实现	需要层次理论
Constant、Kiesler 和 Sproull（1994）	自利、互惠、自我实现	社会交换理论
Davenport 和 Prusak（1998）	—	
Lin（2007）	个体的知识自我效能感	社会认知理论
Hsu，Ju 和 Chen（2007）	个人的结果期望	期望理论
Quigley 等（2007）	激励与共享规范的交互作用	激励理论
赵书松等（2010）	个人因素、任务因素、组织和环境因素	
常涛（2008）	功利主义因素、互惠因素、组织认同	
张勇军等（2010）	经济因素、人际互惠、自我价值、利他因素	
赵书松等（2008）	经济因素、权利因素、关系因素、成就因素	

第一节　理论依据与研究假设

组织内的知识流动并非易事，知识协同通常不是自然发生的（赵书松，2010）。人的行为既受内在因素影响也受社会环境影响，既受认知影响也受情感影响（杜智涛，2017）。在知识协同过程中，知识寻求者首先发布知识协作信号，知识贡献者在动机驱使下参与知识协作。协同主体的角色不同、知识异质、流程异步，显然拥有不同的动机影响因素。

（1）知识贡献者的协同动机受个人声誉、共享意愿、群体认同的影响。个人声誉是个体影响力的主要来源，它是有价值的无形资源，给个体带来了尊重、社会地位、权力等诸多收益（施丽芳等，2012）。个人声誉之所以能给个体带来一系列积极的产出，源于它所具备的不确定缓解功能（Zinko et al.，2012）。在社会互动中，有着较佳声誉的个人往往被认为更有竞争力或更值得信赖，这就降低了他人对个体行为的不确定性，从而愿意参与到双方的互动活动中。廖飞等（2010）在其研究中也发现，在企业实践中，扮演着信息收集者、分析者、意见提供者等多重角色的知识工作者出于维护自身声誉的考虑，更有动力做好知识工作。综上所述，提出如下假设：

H1a：个人声誉对知识贡献者主动参与应用性学习有正向促进作用。

H1b：个人声誉对知识贡献者主动参与探索性学习有正向促进作用。

知识共享双方是否愿意共享、在多大程度上共享都会显著影响知识共享的效果（冯长利和韩玉彦，2012）。也有学者认为，如果知识接受方接受知识的动机不明确，那么知识的提供方在知识共享的过程中会表现出极大的"不情愿"，从而影响知识共享的效果。因此，考虑到知识协同过程中知识贡献者的共享意愿，提出如下假设：

H2a：共享意愿对知识贡献者主动参与应用性学习有正向促进作用。

H2b：共享意愿对知识贡献者主动参与探索性学习有正向促进作用。

群体认同是社会心理学概念之一，它反映了个体将群体成员身份整合进自我概念的程度。Daan van Knippenberg 和 Els C M van Schi（2000）认为，尽管组织研究倾向于把组织看作是一个整体，但组织内的个体所感知到的群体认同对于其工作态度和行为会有更大影响；Chang 和 Chuang（2011）基于社会资本理论提出，获得认同感是组织成员进行知识创造的重要动机因素；殷融等（2015）的研究也表明，群体认同对个体的集群行为意愿既具有直接的动员作用，也可以调节群体情绪和群体效能变量与人们行为意愿间的关系。由此，在知识协同情景下，提出如下假设：

H3a：群体认同对知识贡献者主动参与应用性学习有正向促进作用。

H3b：群体认同对知识贡献者主动参与探索性学习有正向促进作用。

（2）知识寻求者的协同动机则主要来自于社会地位、共享渠道和社会存在感三方面。在组织学习中，社会地位的定义偏向于个人影响力，受群体其他成员价值观和信念的影响（Sutton & Hargadon，1996）。社会交往中，提供帮助的个体会拥有较高的社会地位（Flynn，2006）。社会地位较低的人往往会被社会地位较高的人所吸引，并努力获得他们的认可（Dino et al.，2008）。高地位求知者的知识请求为低地位成员创造了这样的机会，也相应地提高了其自身地位。这也正好解释了组织内一个普遍现象：职位高、资历深的人提出的需求往往能较快得到满足。因此，提出如下假设：

H4a：社会地位对知识寻求者主动参与应用性学习有正向促进作用。

H4b：社会地位对知识寻求者主动参与探索性学习有正向促进作用。

在组织中，社会存在感是组织成员感知到的他人和组织对自己的需要和信赖，高社会存在感的人更愿意与他人沟通、交流和共享知识，从而提高知识转化为协同创新绩效的可能性。因此，提出如下假设：

H5a：社会存在感对知识寻求者主动参与应用性学习有正向促进作用。

H5b：社会存在感对知识寻求者主动参与探索性学习有正向促进作用。

在组织学习过程中，学习渠道通过集群供应链知识网络正向影响创新绩效（郭京京，2013）。社会资本理论揭示了知识寻求者在网络中的中心地位影响其与他人有效分享资源的能力（Nahapiet & Ghoshal，1998）。网络中心性反映了知识寻求者与他人的互动次数，并确定了将来可以获取知识的潜在渠道。这种渠道多样性影响信息访问的可用性和质量，并可以提高知识寻求者获得所需知识的可能性（Desouza，2003；Hansen，1999）。由此，提出如下假设：

H6a：渠道多样化对知识寻求者主动参与应用性学习有正向促进作用。

H6b：渠道多样化对知识寻求者主动参与探索性学习有正向促进作用。

（3）知识协同绩效是对知识协同效果的度量。吴绍波等从知识协同的规模经济效应、范围经济效应、学习经济效应三方面研究组织内的知识协同绩效（吴绍波和顾新，2008）；陈建斌等（2014）、郭彦丽等（2016）则以知识资本和社会资本的增值作为衡量知识协同绩效的维度。由于创新是研发团队的主要任务，因此，本章从创新绩效维度衡量研发团队的知识协同绩效。

（4）组织学习的中介作用。Mabey 和 Salaman（1998）认为，学习是组织维持创新的主要因素，企业正是依靠不断从内外部学习、创造、获取和整合知识的能力获得成功；Hult 等（2004）又进一步将组织学习对知识协同绩效的影响细分，认为组织学习能力不仅会影响到创新的初始阶段，也会影响到创新的执行阶段。此外，March（1991）还将组织学习分为探索性学习和开发性学习，并认为这两种学习方式均对知识协同绩效有不同影响。基于此，提出如下假设：

H7a：应用性学习与知识协同绩效显著正相关。

H7b：探索性学习与知识协同绩效显著正相关。

（5）团队激励的调节作用。研究表明，无论是知识的施与方还是接受方，在完成知识共享的过程中，除了受到主观方面的个体心理发展特征影响之外，还要受到客观方面的组织环境影响，尤其是组织的激励机制（葛明贵等，2014）。这些结论在组织学习中同样适用，且已有学者对此做出了研究，例如，段光等（2015）认为，激励强度与按贡献分配导向均与知识团队有效性显著正相关。当前，众多组织的文化建设都强调协同合作与团结友爱，就是为了激励成员建立良好的人际关系，增强彼此之间的信任，使知识协同顺利进行，从而提高组织的知识协同绩效。因此，提出如下假设：

H8a：团队激励调节应用性学习与知识协同创新绩效的关系。

H8b：团队激励调节探索性学习与知识协同创新绩效的关系。

据此，本章的研究模型见图6-1。

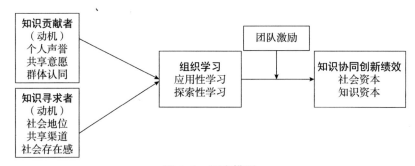

图6-1 研究模型

第二节 研究方法

一、变量测量

本节的测量量表主要借鉴国内外已有成熟量表，并通过访谈及预试进一步对问卷题项进行了调整和修正，最终形成本次调查问卷。个人声誉主要借鉴了Chennamaneni（2006）；共享意愿主要借鉴了Bock（2005）等；群体认同主要借鉴了Hooff等（2003）、钟华等（2008）。社会地位主要从职位、年资/资历、声誉三个维度来反映；渠道多样化主要借鉴罗家德（2009）、陈国权（2008）等的观点；社会存在感主要借鉴李肖峰（2012）的观点。组织学习分为应用性学习和探索性学习，主要参考尹惠斌等（2014）的研究。知识协同创新绩效参考陈建斌等（2015）的研究，从知识资本增值和社会资本增值两个维度进行度量。团队激励主要参考了赵鑫（2011）的研究。问卷计分方式采用李克特7点量表进行测量。

二、问卷发放

本节采用理论与实证相结合的研究方法，通过发放调查问卷获取相关数据，被调查样本主要来自北京 IT 服务外包企业的研发团队。为了确保数据质量，在实施最终调查之前访谈了相关学者和研发团队管理者，并根据修改意见做了问卷调整和完善。本次调查主要委托第三方调研公司进行，问卷发放从 2016 年 1 月到 5 月，历时 5 个月。共向 75 家企业的研发人员发放问卷，最终回收有效问卷 255 份。

三、量表的信度与效度

本节从信度和效度两个方面对量表质量进行评估，具体数据见表 6-2。选取 Cronbach's α 作为量表信度的检验指标，α 系数均大于 0.8，表明量表内部一致性程度较高，信度较好。通过验证性因子分析发现，各题项的因子负荷值都大于 0.6，表明单个指标的可靠性以及变量度量指标均有效，问卷具有显著的聚合效度。

表 6-2 量表信度与效度分析结果

变量		Cronbach's α 值	因子载荷	累计方差解释量（%）	KMO 值	Bartlett's 球形检验的显著性概率
知识贡献者	个人声誉	0.885	0.771~0.817	67.718	0.898	0.000
	共享意愿	0.869	0.757~0.808			
	群体认同	0.882	0.763~0.845			
知识寻求者	社会地位	0.823	0.807~0.838	73.325	0.827	0.000
	社会存在感	0.886	0.840~0.867			
	渠道多样化	0.861	0.649~0.835			

续表

变量		Cronbach's α 值	因子载荷	累计方差解释量（%）	KMO 值	Bartlett's 球形检验的显著性概率
组织学习	应用性学习	0.870	0.736~0.798	65.502	0.888	0.000
	探索性学习	0.886	0.644~0.838			
知识协同创新绩效	社会资本	0.831	0.632~0.848	59.594	0.869	0.000
	知识资本	0.824	0.726~0.857			
团队激励		0.912	0.848~0.871	73.969	0.887	0.000

第三节　实证结果分析

一、样本统计

表6-3给出了调查对象的基本情况，从年龄来看，调查对象主要集中在40岁以下；从受教育程度来看，以本科为主，占到65.9%；在调查者中，高层管理者占5.5%，中层、基层管理者分别占20.8%、27.1%，技术（或研发）人员占28.2%；有近75%的调查对象的工作年限超过3年；团队规模方面，30人以下占比为61.2%，而100人以上的团队相对较少，仅有2.7%。

各变量的均值、标准差、相关系数如表6-4所示。可以看出，各变量间的相关系数均小于0.6；另外，方差膨胀因子VIF均小于10，可以排除变量间多重共线性的可能。从表6-4中还可以发现个人声誉、共享意愿、群体认同、社会地位、渠道多样化与应用性学习之间呈正相关关系，相关系数均大于0.3且显著；上述变量与探索性学习之间同样呈正相关关系，但个人声誉、共享意愿以及社会存在感与探索性学习之间的相关系数虽显著但系数小于0.3；应用性学习、探索性学习与知识协同创新绩效的相关系数均呈正相关关系，相关系数大于0.4且显著，在一定程度上为研究假设提供了初步支持。

表 6-3 样本基本情况

统计特征	分类	样本数	百分比（%）
年龄	30 岁以下	111	43.5
	30~40 岁	129	50.6
	40~50 岁	13	5.1
	50 岁及以上	2	0.8
学历	专科及以下	62	24.3
	本科	168	65.9
	硕士及以上	25	9.8
当前职位	高层管理者	14	5.5
	中层管理者	53	20.8
	基层管理者	69	27.1
	技术（或研发）人员	72	28.2
	其他	47	18.4
工作年限	3 年以下	64	25.1
	3~5 年	85	33.3
	6~10 年	69	27.1
	10 年以上	37	14.5
团队规模	30 人以下	156	61.2
	30~100 人	92	36.1
	100 人以上	7	2.7

表 6-4 变量的平均值、标准差和相关系数

	1	2	3	4	5	6	7	8	9	10
1. 个人声誉	1									
2. 共享意愿	0.370***	1								
3. 群体认同	0.421***	0.381***	1							
4. 社会地位	0.361***	0.330***	0.366***	1						
5. 渠道多样化	0.247***	0.446***	0.493***	0.369***	1					
6. 社会存在感	0.247***	0.353***	0.214***	0.132**	0.358***	1				
7. 应用性学习	0.405***	0.424***	0.458***	0.409***	0.492***	0.330***	1			
8. 探索性学习	0.263***	0.289***	0.301***	0.323***	0.334***	0.249***	0.552***	1		

续表

	1	2	3	4	5	6	7	8	9	10
9. 团队激励	0.416 ***	0.436 ***	0.424 ***	0.312 ***	0.429 ***	0.383 ***	0.451 ***	0.279 ***	1	
10. 知识协同创新绩效	0.487 ***	0.439 ***	0.442 ***	0.398 ***	0.534 ***	0.406 ***	0.515 ***	0.428 ***	0.552 ***	1
均值	4.97	5.12	5.01	5.17	4.95	4.66	4.98	4.59	4.77	5.05
标准差	1.07	1.02	1.06	1.08	1.08	1.23	0.97	1.01	1.14	0.86

注：*** 表示 $p<0.01$，** 表示 $p<0.05$，* 表示 $p<0.1$。

二、研究假设的检验

为检验 H1a~H6b，下面以组织学习的两个维度（应用性学习、探索性学习）作为被解释变量，以个人声誉、共享意愿、群体认同、社会地位、渠道多样化、社会存在感 6 个变量作为自变量，采用 OLS 法对模型进行估计，以期对实际数据进行最佳拟合，并使误差的平方和达到最小。回归结果见表 6-5。

表 6-5　知识贡献者、知识寻求者对应用性学习、探索性学习的影响

变量		应用性学习	探索性学习
		模型 1	模型 2
常数项		0.855 **	1.580 ***
解释变量	个人声誉	0.141 ***	0.071
	共享意愿	0.107 **	0.067
	群体认同	0.140 **	0.082
	社会地位	0.144 ***	0.164 ***
	渠道多样化	0.203 ***	0.126 **
	社会存在感	0.092 **	0.094 **
模型统计量	R^2	0.397	0.247
	ΔR^2	0.382	0.227
	F 统计量	27.183	23.102

注：*** 表示 $p<0.01$，** 表示 $p<0.05$，* 表示 $p<0.1$。

由表 6-5 可知，模型 1 检验了知识贡献者和知识寻求者各维度对应用性学

习的关系。从结果可以看出，知识贡献者的个人声誉、共享意愿、群体认同对应用性学习都具有显著的正相关关系，其回归系数分别为 0.141、0.107、0.140，H1a、H2a、H3a 均得到验证。知识寻求者的社会地位、渠道多样化、社会存在感对应用性学习都具有显著的正相关关系，其回归系数分别为 0.144、0.203、0.092，H4a、H5a、H6a 均得到支持。模型 2 检验了知识贡献者和知识寻求者各维度与探索性学习的关系。从结果可以看出，知识贡献者的三个维度对探索性学习没有显著的正相关关系，H1b、H2b、H3b 未得到支持。在显著性水平为0.05 的情况下，知识寻求者的社会地位、渠道多样化、社会存在感与探索性学习都表现出显著的正相关关系，回归系数分别为 0.164、0.126、0.094，H4b、H5b、H6b 均得到支持。

为了进一步验证团队激励是否对组织学习与知识协同创新绩效产生调节作用，本章采用了层次回归分析对假设进行验证。在数据分析过程中，为了降低可能的多重共线性影响，在构造调节变量交互项之前，对各变量进行了中心化处理。具体分析结果见表 6-6。

表 6-6 回归分析结果 （因变量：知识协同创新绩效）

	变量	模型 3	模型 4	模型 5	模型 6	模型 7
自变量	应用性学习	0.355 ***	0.205 ***	0.206 ***	0.208 ***	0.227 ***
	探索性学习	0.178 ***	0.163 ***	0.162 ***	0.170 ***	0.157 ***
调节变量交互项	团队激励		0.297 ***	0.298 ***	0.297 ***	0.304 ***
	团队激励×应用性学习			0.003		0.052
	团队激励×探索性学习				-0.061 *	-0.088 **
模型统计量	R^2	0.295	0.419	0.419	0.426	0.429
	ΔR^2	0.289	0.412	0.409	0.416	0.418
	F 统计量	52.644	60.229	44.955	46.320	37.414

注：*** 表示 $p<0.01$，** 表示 $p<0.05$，* 表示 $p<0.1$。

由表 6-6 可知，模型 3 验证了应用性学习（$b=0.355$，$p<0.01$）、探索性学习（$b=0.178$，$p<0.01$）对知识协同创新绩效具有显著的正相关关系，从回归系数可以看出，前者的影响相对更大一些。H7a、H7b 得到支持。模型 4 验证了团队激励与知识协同创新绩效具有显著的正相关关系（$b=0.297$，$p<0.01$），模型 5 检验团队激励对应用性学习和知识协同创新绩效的调节作用，两者的交

互项对知识协同创新绩效的关系不显著，因此 H8a 没有得到支持。模型 6 检验团队激励对探索性学习和知识协同创新绩效的调节作用，在 p<0.1 显著性水平下，结果显示两者的交互项与知识协同创新绩效的关系显著，表明团队激励对探索性学习和协同创新绩效存在调节作用，但要看整个调节效应的话，需要用图表的方法来直观地显示。本章用高于团队激励均值的一个标准差和低于均值一个标准差作为团队激励大小的基准，来描绘团队激励对探索性学习、知识协同创新绩效的关系，调节效应图可见图 6-2。

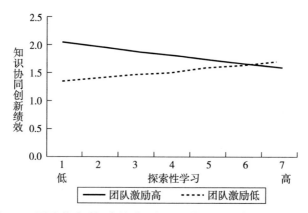

图6-2 团队激励对探索性学习与知识协同创新绩效的调节作用

由图 6-2 可知，当团队激励高时，探索性学习对知识协同创新绩效的影响是负的，当团队激励低时，影响变为正向，即团队激励对探索性学习、知识协同创新绩效存在"干涉调节作用"。H8b 得到部分验证。模型 7 对所有变量进行回归，得到同样的调节效应结论。

第四节　研究结论与展望

本章得到的主要结论如下：

（1）对于知识寻求者，社会地位、社会存在感、渠道多样化因素均对其主动参与应用性学习和探索性学习有正向促进作用，结论与前文假设相符。

（2）对于知识贡献者。个人声誉、共享意愿和群体认同因素对其主动参与应用性学习有正向促进作用。同时，此三个因素对知识贡献者主动参与探索性学习的作用均不显著。本章认为，探索性学习是指那些"探索、变化、承担风险、试验、尝试、应变、发现、创新"的学习行为，本身具有高失败率特征，知识贡献者尤其是风险厌恶者，出于对自身地位的保护，往往更不愿主动参与探索性学习。同时，知识贡献者作为"给予者"，其主动贡献的意愿远不及获取知识的意愿强烈。考虑到这一风险因素，个人声誉等因素对其主动参与探索性学习的促进作用就会受到影响。

（3）组织学习与知识协同创新绩效的关系。组织学习与知识协同创新绩效具有显著的正相关关系，且应用性学习对知识协同创新绩效的影响更大。这主要是因为：探索性学习的本质是对新的、未知领域的尝试，具有较高不确定性，取得成效所需时间较长。应用性学习则是对现有能力、技术和范式的提高和拓展，具有确定的、近期的回报。

（4）团队激励的调节作用。实证分析结果表明，团队激励因素对应用性学习与协同创新绩效关系的调节作用不显著，对探索性学习与协同创新绩效的关系存在干涉调解作用。具体原因分析如下：大量研究者都认为探索性学习和应用性学习两者之间存在潜在的对立性，其根本原因在于两者竞争组织内的稀缺资源。当组织对探索性学习的激励强度较大时，研发团队的成员就会倾向于将更多的资源用于探索性学习，从而削弱应用性学习（对现有技术的挖掘和应用来增强组织市场机会）。由于偏离了现有的技术基础，探索性学习回报周期长，并且经常可能是负的。因此，过度进行探索性学习会使组织陷入失败的陷阱。

综上所述，管理者要充分认识到研发团队知识协同中知识贡献者和知识寻求者的差异性，并根据组织学习的类型选择合适的方式激励团队成员参与知识协同；同时，还要注意维持应用性学习与探索性学习的平衡，适时、适度地采取针对性激励措施，提高组织知识协同创新绩效。

诚然，本章的研究结论为企业更好地促进研发团队成员主动参与知识协同提供了一些建议，但仍有局限性。例如，调研对象主要来自北京，在地理因素方面不具代表性；样本数量不够多等，这些不足及本章尚未解决的问题笔者会在后续的研究中全力解决。

第七章　社会化问答社区中用户互动性作用研究

在社会化媒体环境下，互联网技术的快速迭代和碎片化知识经济的发展推动了人们知识共享方式的多样化演化。Web 1.0 时代的传统问答社区只关注知识资本的增值，对于用户社会资本，即行为主体间的互动关注不够，致使社区关系松散，用户流失率高。而以知乎为代表的 Web 2.0 时代的社会化问答社区则有效地弥补了这一缺陷，强调用户之间的交流互动，用户与用户、用户与问题、用户与话题间形成密切的社会网络，使知识、信息的共享和讨论更加深入，社区用户间关系更加牢固，构建了知识资本与社会资本同步增长的可持续发展的社区生态。由于虚拟社区固有的网络外部性，使基于某一话题或知识领域的用户快速集聚，因此，用户异质性不断扩大（裴江南、王婧贤，2018）。然而，现阶段，社会化问答社区的研究仍面临诸多未解决的问题，如用户异质性转化为知识协同绩效的机制如何？用户沉默度高、知识互动绩效低的原因何在？

知识协同是通过知识资源的不同组合创造新知识的过程，在企业层面，其创新绩效既依赖于知识资源的异质程度，也受企业学习方式和创新策略的直接影响（魏江等，2014）；在问答社区层面，其知识互动绩效不仅取决于用户知识的异质性程度，还取决于用户在社区中的活跃度，即互动性（邓胜利等，2017）。社会化问答社区的基本功能是将异质性知识主体聚集在一起，但本质则是用户互动，而非简单的知识集合（王乐，2016），这与 Cooke 等（2013）的互动团队认知（Interactive Team Cognition，ITC）理论的观点相似，均强调异质性成员在协调、沟通及决策时所参与的合作活动是推动团队认知系统演化的根本。目前，众多学者从社区管理（方陈承、张建同，2018）、用户参与动机（Shah, Kitzie & Choi, 2014）、社区话题（陶兴等，2019）等层面对社会化问答社区进行了分析，但鲜有学者从互动性角度探讨用户异质性和知识协同绩效的关系。此外，对于用户异质性与知识协同绩效的研究以静态数据分析为主，忽略了平台用户进入与退出的动态性变化。且现有研究多是基于问卷数据，而问卷数据自身的主观性，导致研究结论不具备较高的参考价值。鉴于此，本章基于国内最大社会化问答社区——知乎的客观用户行为数据，从用户互动性视角，构建用户异质性与知识协同绩效的关系模型，借助 SQL Serve 数据库和 SPSS 软件对用户数据进行清洗和分析。研究结论对于社会化问答社区的用户管理具有一定的实践指导价值。

第一节　文献回顾

一、社会化问答社区

社会化问答社区是基于传统知识社区发展起来的，兼具知识分享和社交功能的新型知识平台，以满足用户知识需求为出发点，基于社会化网络关系形成的搜寻、共享和传播知识的开放型知识问答服务社区（郭顺利，2018）。社会化问答社区是网络社会中重要的知识社区形式之一，其成员由于共同关注某些话题而聚集在一起，在互动的过程中实现知识的共享与协同（Zhou et al.，2019）。社区本身是一种松散型组织，却真正体现了网络社会中的知识共享和协同（方陈承、张建同，2018）。由此可知，社会化问答社区实质上解决了两个关键问题：如何寻找相关知识，如何与异质性知识主体建立社会联系（Yang & Chen，2008）。目前，国内外学者对于社会化问答社区的研究集中在三个层面：一是用户层面。用户是虚拟社区的参与主体，因此，对于用户的研究一直是热点。在社会化问答领域，学者们对用户的关注主要在于用户角色类型及其关系的建立（施艳萍等，2018），用户信息行为（付少雄等，2017），包括知识贡献行为、知识采纳行为、知识搜索行为以及公共编辑行为、用户社会化网络（Liu & Jansen，2017）等方面。此外，也有学者从个体层次和群体层次研究社会化问答社区的用户（Deng et al.，2015）。二是内容层面。主要关注用户在社区贡献知识的质量（陶兴等，2019），知识序化效率和社会系统演化（裘江南等，2018），社区信息质量评价（Jin et al.，2016），对社区用户生成答案进行知识聚合与主题发现（陶兴等，2019）。三是技术层面。如基于大数据技术的用户问题推荐方法（Xie et al.，2018），关键词提取方法（余本功等，2018）等。

二、用户互动性

蒋军锋等（2017）认为，知识异质性影响知识增长有两条途径：一是通过影响网络知识异质性来影响知识增长速度；二是知识存量与知识间的相互关系影响知识增长，即用户间的互动。互动性是基于互联网平台的沟通方式的一个主要特征，其实质是用户在知识交互时的卷入程度（邓胜利等，2017）。Hoffman 等（2005）在网络商业应用研究中，将互动性分为人机互动（Machine Interaction）与人际互动（Interpersonal Interaction）两类。在此基础上，吴钰萍和靳洪（2018）将网络社群情境下的人机互动定义为与媒体的互动，也即用户借助媒体提供某些功能，通过浏览、搜寻、发送信息等与其进行直接的互动；将人际互动定义为通过媒体所进行的互动，此时的计算机是用户之间沟通的媒介，用户可以通过该媒介与他人进行诸如分享价值观、交换信息、维持人际关系等互动。

与此不同，Nambisan 等（2009）将虚拟社区用户互动分为产品内容互动、成员认知互动（身份识别）和人际互动三个维度。Wang 等（2016）在其研究中将互动分为双向交流、顾客参与和联合解决问题三个维度。李雪欣等（2019）将虚拟品牌社区互动划分为人机互动、内容互动和社交互动三个维度。

本章参考上述学者的观点，将社会化问答社区情境下的用户互动性分为人机互动和人际互动。其中，人际互动是指用户在社会化问答社区中直接或间接与其他用户发生互动的行为，例如，提问或回答问题、发表文章、参与公共编辑等。人机互动是指用户在社会化问答社区不直接参加讨论、沉默地关注社区或其他用户的行为，例如，关注话题、问题、专栏等。

虚拟社区中用户间的互动往往会促进不同类型知识间的碰撞，使那些原本分散的异质性知识借机得以重组、归并和整合（Cress & Kimmerle，2008），而社区其余用户必须较大幅度地切换已有视角，才有可能理解对方意见或缩小彼此认知差距，这种视角的切换孕育了创新的可能性（张钢、倪旭东，2007）。Amason（1996）称这种"视角切换"为辩证性互动，它有利于用户自身和总体知识共享绩效的提升。但在社会化问答社区中，用户的异质性知识如何"互动"为高层次系统特性（知识互动绩效）呢？Cooke 等（2013）提出的互动团队认知（Interactive Team Cognition，ITC）理论提供了些许参考。ITC 主张的是基于过程的互动认知视角。ITC 理论将个体及其环境视为一个动态的认知系统，互动认知视角更加强调了外在的成员互动行为，即群体认知的动态模式涌现于人们彼此互动及其与环境互动的过程。在社会化问答社区中，用户之间的知识互动不仅能够为社区提供更多高质量的知识，同时，还能提升用户对社区的认同感和归属感（李雪欣、郭辰、余婷，2019），有助于营造浓厚的知识互动氛围，进而提升知识互动绩效。

三、用户异质性与知识协同绩效

由于异质性资源在个体和企业的成长与发展中具有独特的价值，用户异质性（User Heterogeneity，UH）的概念已成为学术界和企业界共同关注的重要主题（Bapna，Goes & Jin，2004）。用户异质性可以从多个维度进行定义，例如，人格变量、人口特征变量、认知风格、知识、专长和职能角色等。有学者认为异质性维度中最重要的差异存在于社会类属异质性和信息或职能异质性。其中，社会类属异质性是指团队成员在性别、年龄、民族等人口统计特征方面的差异，信息或职能异质性则是指团队成员在教育背景、职能背景或职业经验等方面的差异（Ren et al.，2016）。在社会化问答社区情境下，用户异质性指用户在任何个体特质上的差异性，包括教育背景、行业背景、知识领域、工作地点等，这些特质导致他们形成关于个体之间差异的感知（方陈承、张建同，2018）。

知识协同绩效是衡量知识社区用户互动行为成果的指标。由于不同类型社区用户的需求不同，因此，知识协同绩效具有不同的评价方式（南洋、李海刚，2019）。Gao 等（2014）认为，在注重交流的社交网络领域，用户获得的关注度、文章被转发情况是衡量知识协同绩效的标准。在问答社区领域，Burghardt 等（2017）则认为，回答的质量是回答"好坏"的重要标准。在该类社区中，内容充实、准确的答案更容易得到用户的认可。由此可见，尽管在不同情境下知识协同绩效的表现形式不同，但其"依赖于用户对知识的评价"这一观点得到了学者们的普遍认可。

知识异质度与知识创新绩效之间存在的倒 U 形的非线性关系已在实体组织层面得到了验证。社会化问答社区作为一种虚拟知识社区，其用户异质度与知识互动绩效之间是否符合倒 U 形的非线性关系呢？群体水平的知识协同绩效是群体构成、群体特质与群体过程的作用结果（Shalley & Gilson，2004）。但是，就社会化问答社区的构成特征而言，用户异质性与社区知识互动绩效之间的关系以及用户互动性在其中所产生的影响，仍是有待研究的问题。基于此，本书提出了社会化问答社区环境下用户异质性向知识互动绩效转化的模型（见图 7-1），探究用户异质性、互动性和知识互动绩效之间的关系，为社会化问答社区的管理和用户知识互动绩效的提升提供些许参考。

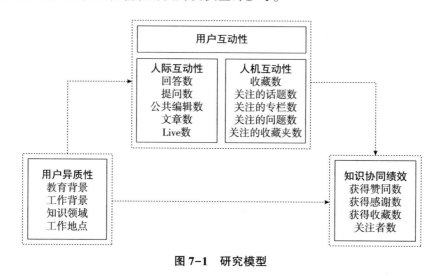

图 7-1 研究模型

第二节 理论基础和研究假设

一、用户异质性与知识协同绩效

Rodan 和 Galunic（2004）认为，知识异质性涉及团队成员在团队中可获得的知识、技能和专长的多样性。异质性的价值在于增加了一个团队可获得的知识、技能和观点，也即异质性对于知识协同绩效存在一定的影响。如前所述，知识异质度与知识协同绩效之间存在的倒 U 形的非线性关系在实体组织层面得到了验证。社会化问答社区用户异质性的重要程度体现在知识异质性方面，两者与绩效的关系存在一定的相似之处。因此，提出如下假设：

H1：用户异质性与知识协同绩效之间存在倒 U 形关系。随着用户异质性的上升，知识协同绩效先上升后下降。

二、用户异质性与用户互动

社会互动是群居性的人类与生俱来的本能。Purkhardt（2015）的研究表明，只要社会联系存在，就会产生群体凝聚力，即使人员是随机分配的，群体内偏袒也会发生。在社会化问答社区的情境下，这表现为：只要用户间社会联系的纽带存在（平台和足够多的用户），即使人员是陌生的，也会产生群体互动。Hoffman 等（2005）、吴钰萍和靳洪（2018）将互动性分为人际互动和人机互动。人际互动是用户以问答社区为媒介，与其他用户进行的互动，是社区知识创新的源泉；人机互动是用户自身与平台发生的互动，体现了用户对社区成员或社区知识的关注。社会化问答社区是开放性的知识社区，任何有知识需求或贡献意愿的用户均可加入其中。且互联网技术的支持使其能够实现跨时间、空间等层面的互动和交流，这为群体互动搭建了很好的桥梁。但社会化问答社区的目的并非简单地将异质性用户聚集起来，其宗旨在于推动异质性用户在社区内的交流和互动（李蕾等，2018）。有研究指出，知识社区用户互动的原因在于向异质性社区用户寻求、贡献知识或建立社区联系（张野，2016）。社区中用户异质性越高，一方面，表明不同知识背景、行业背景、兴趣爱好，甚至工作地点的用户越多。相应地，用户参与社区互动时的"伙伴"就会越多。这直接影响到用户参与互动的活跃度。另一方面，社区用户异质性的增加也增加了用户在某一知识需求方面的选择困难程度，这可能会影响用户的活跃度。由此，提出如下假设：

H2a：用户异质性与社区成员的人际互动性存在着倒 U 形关系，随着用户异质性的增大，人际互动性先上升后下降。

H2b：用户异质性与社区成员的人机互动性存在着倒 U 形关系，随着用户异质性的增大，人机互动性先上升后下降。

三、用户互动性与知识协同绩效

社会化问答社区中用户间的互动是社区得以存续和发展的保障（王乐，2016），能够提升社区的知识协同绩效。于用户而言，用户间的互动在满足自身知识需求的同时，能够提升个人在虚拟社区的地位和声誉（获得赞同和感谢），同时建立起基于知识兴趣的社区联系（李文元、翟晓星，2018），例如，拥有自己的关注者；于社区而言，用户间的互动能够为社区源源不断地输入新的知识和观点建立社区的社会网络，并可借助平台的网络外部性，扩大用户规模。由此，提出如下假设：

H3a：人际互动性正向影响知识互动绩效。

H3b：人机互动性正向影响知识互动绩效。

四、用户互动性的中介作用

异质性的知识资源只是社会化问答社区知识共享的基础，不会直接产生创新成果，需要依赖一定的路径和中介（裴江南等，2018）。虚拟社区中用户间的互动往往会促进不同类型知识间的碰撞，使那些原本分散的异质性知识借机得以重组、归并和整合（Cress & Kimmerle，2008）。但在社会化问答社区中，用户的异质性知识如何"互动"为知识协同绩效呢？企业层面的知识异质性与绩效关系的研究中，组织学习是异质性知识资源与企业绩效之间的重要中介变量。因为组织学习是成员的知识和能力共享以及组织知识、组织记忆、组织惯例的形成过程（周莹莹等，2019），这为本章的研究提供了参考。虽然社会化问答社区是一个开放的交流社区，不存在组织的概念，但这并不意味着用户之间没有学习和交流机制。如南洋、李海刚（2019）就从互动性的角度对问答社区的用户和知识进行分类，并探究了知识互动绩效的影响因素。由此，本章认为，与组织学习类似，用户互动对用户异质性与知识协同绩效起到中介作用，因此，提出如下假设：

H4：人际互动性在用户异质性与知识协同绩效之间起到中介作用。

H5：人机互动性在用户异质性与知识协同绩效之间起到中介作用。

综上，本章的研究模型如图7-2所示：

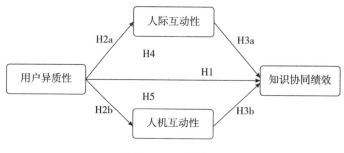

图7-2　研究模型

第三节 研究方法

一、样本选择与数据处理

知乎成立于 2011 年 1 月，截至 2018 年底，用户突破 2.2 亿，目前已成为国内最具代表性的社会化问答社区。知乎以"与世界分享你的知识、经验和见解"为公司口号，是一个真实的网络问答社区，社区氛围友好与理性，连接各行各业的精英。用户分享着彼此的专业知识、经验和见解，为中文互联网源源不断地提供高质量的信息。基于此，文章选取知乎作为典型研究对象。

本书以知乎用户为中心，以周为时间间隔，对知乎平台所有对外开放的用户的相关数据进行阶段性采集。数据采集时间从 2018 年 9 月到 2019 年 10 月，历时 53 周。利用 SQL Serve 12 数据库对数据进行处理。在对知乎语料库的自然语言处理过程中，通过度量指标文本间的相似程度来计算异质性。当文本嵌入在高维的语义空间中时，需对其进行抽象分解，以从定量角度量化其异质度。因此，在计算过程中，笔者先对收集的文本进行向量化处理，构建词集模型和词代模型，再计算文本向量间的欧式距离，以量化文本间的异质程度。对于数字类的数据，为便于后续分析，则进行归一化处理。

二、变量测量

（一）用户异质性

知乎平台上用户提供的个人信息包括知识类信息和人口统计信息。知识类信息包括教育背景、行业背景、知识领域以及贡献的知识等；人口统计信息，如性别、年龄、工作地点等。由于用户对个人隐私的保护，人口统计类信息或缺失严重，或真实性有待考量。综合考虑数据的可得性和研究需求后，文章从教育背景、行业背景、知识领域、工作地点四个维度测度用户异质性。

（二）用户互动性

对话和互动是社会化媒体上的基本活动。对于问答类知识社区，尽管用户互动行为次数在一定程度上能够代表用户的互动性高低，但互动本身的质量，即问答的质量也是评价知识互动情况的重要标准（Burghardt et al.，2017），由此，本章不仅从数量上测度用户互动性，还关注了用户互动的质量，即用户提供知识的准确性及与主题相关性。如前所述，在社会化问答社区中，用户的互动行为可依据有无直接知识交流分为人际互动和人机互动，本书根据用户在知乎平台上的互动信息，认为人际互动性可通过用户的回答数、提问数、公共编辑数、文章数、Live 数来测度，人机互动性则通过用户的收藏数、关注的话题数、关注的专栏数、关注的问题数、关注收藏夹数来度量。

（三）知识协同绩效

"知乎"是以社区、用户关系、内容运营为基础建立的新一代社交性问答平台，其提问多是针对某一问题的主观看法，因此没有标准答案，其回答则是社交性的、基于用户经验知识的、满足整个社区所有用户知识需要的，所以社区中其他用户的评价可以大体反映回答的质量（南洋、李海刚，2019）。由此，本章认为，对于社会化问答社区，知识协同绩效可通过用户对知识的评价来反映，具体评价指标包括获得赞同数、获得感谢数、获得收藏数及关注者数。

三、假设检验

本节采用SPSS2.0软件，通过层次回归对研究假设进行检验，结果如表7-1所示。模型1中，用户异质性与知识协同绩效之间的系数不显著，表明用户异质性与知识协同绩效之间不存在线性关系。为进一步探究用户异质性与知识协同绩效之间的关系，引入用户异质性的平方项，如模型2所示。与模型1相比，模型2的拟合效果更好（调整后的 R^2 由−0.019上升至0.135），解释力更强。对于倒U形模型的检验，现有研究多是根据自变量平方项的系数进行判断，存在着一定的偏差。根据 Haans 等（2016）的观点，检验结果为倒U形需满足三个条件：一是解释变量平方项的系数为负；二是曲线的斜率在左侧取值为正，右侧显著为负；三是曲线的拐点在解释变量的取值范围内。根据回归结果，用户异质性平方项的系数为负（−7.649），用户异质性系数为12.315，两者均在

95%的置信区间内显著，且由模型拟合图（见图 7-3）可知，曲线的拐点在用户异质性的取值范围内，表明用户异质性与知识协同绩效之间存在显著的倒 U 形关系，H1 得到验证。

表 7-1　逐步回归结果

变量	知识协同绩效			人际互动性	人机互动性
	模型 1	模型 2	模型 3	模型 4	模型 5
用户异质性	−0.130	12.315 **		9.160 **	2.432 **
用户异质性平方		−7.649 **		−5.689 **	−1.510 **
人际互动性			0.558 **		
人机互动性			3.021 ***		
R^2	0.001	0.168	0.284	0.173	0.170
调整后的 R^2	−0.019	0.135	0.262	0.140	0.137
F	0.026	5.041	16.290	5.239	5.138

注：*** 表示 $p<0.01$，** 表示 $p<0.05$，* 表示 $p<0.1$。

由表 7-1 可知，模型 3 验证了人际互动性和人机互动性对知识协同绩效的影响，根据回归结果可知，人际互动性和人机互动性的系数均为正，且在不同显著性水平上显著，表明用户的人际互动性和人机互动性均正向影响知识协同绩效，H3a 和 H3b 得到验证。

模型 4 验证了用户异质性对人际互动性的影响，结果显示，用户异质性平方项系数为负（−5.689），用户异质性系数为 9.160，两者均在 95%的置信区间内显著，表明了用户异质性与人际互动性之间存在着显著的倒 U 形关系，H2a 得证；模型 5 验证了用户异质性对人机互动性的影响，结果显示，用户异质性平方项系数为负（−1.510），用户异质性系数为 2.432，两者均在 95%的置信区间内显著，表明了用户异质性与人机互动性之间同样存在着显著的倒 U 形关系，H2b 得到验证。

本节采用层次回归法进一步验证用户的人际互动性和人机互动性的中介作用。由模型 3 和模型 4 的结果可知，用户异质性与人际互动性之间存在显著的倒 U 形关系，且人际互动性与知识协同绩效之间存在着显著的正向关系。加入中介变量人际互动性后的结果如模型 6 所示，用户异质性及其平方项系数均在 $p<0.05$ 的水平上显著，且人际互动性的系数在 99%的置信区间内显著，表明人

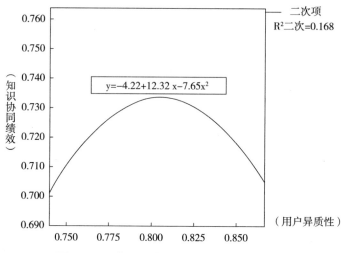

图7-3 用户异质性与知识协同绩效关系拟合

际互动性的中介作用显著存在，H4 得到验证。同理，模型 7 引入了人机互动性作为中介变量，由分析结果可知，用户异质性与人机互动性间存在显著的倒 U 形关系，模型 7 中人机互动性的系数在 99% 的置信水平下显著，而用户异质性平方项不显著，这表明人机互动性在用户异质性与知识协同绩效之间的中介作用不显著，H5 未得到验证（见表 7-2）。

表7-2 中介效果检验

变量	知识协同绩效	
	模型 6	模型 7
用户异质性	0.242**	-0.117
用户异质性平方	-0.149**	0.072
人际互动性	1.371***	
人机互动性		5.113***
R^2	0.324	0.331
调整后的 R^2	0.317	0.323
F	50.972	42.018

注：*** 表示 $p<0.01$，** 表示 $p<0.05$，* 表示 $p<0.1$。

第四节　研究结论与启示

一、研究结论

本章基于国内最大的社会化问答社区——知乎用户的知识行为，探究了用户异质性与知识协同绩效之间的关系，以及用户互动性的中介作用，得到的主要结论有以下两点：

（1）在社会化问答社区中，用户异质性与知识协同绩效之间存在着显著的倒 U 形关系。随着用户在教育背景、工作背景、知识领域、工作地点等方面的异质性的增加，用户的知识协同绩效先上升后下降。这一结论与现有学者在实体组织层面探讨的知识异质性与知识协同绩效的结论相似。可见，在社会化问答社区中，用户异质性在达到阈值之前，增加异质性有利于提升社区的知识协同绩效。但当用户异质性中的知识异质性过大时，往往也会导致一系列的误解、降低决策速度、影响情绪，甚至因为知识过载而影响到用户对知识的准确把握等现象（倪旭东，2010），于社区而言，则会降低整体的知识协同绩效。

（2）用户异质性与人际互动性和人机互动性之间均存在倒 U 形关系，且社区用户的人际互动性和人机互动性均对知识协同绩效有显著影响。此外，人际互动性在用户异质性与知识协同绩效之间存在显著的中介效应，而人机互动性的中介效应则不显著。在社会化问答社区中，异质性的用户之所以会产生知识协同绩效，原因不仅在于社区为知识需求者和知识供给者（用户、平台）提供了跨时间、跨地区的交互机会，还在于为社区用户提供了即时互动的平台。研究表明，用户与用户的互动对群体创造力有显著的影响（张杰盛等，2017）。虚拟社区用户间联系和互动的增加，能够促使社区用户产生更高创新参与意愿，从而促进用户个体创新参与（Chang & Zhu，2011）。因此，不同用户间可通过人际互动来影响知识协同绩效，即人际互动性在用户异质性与知识协同绩效之间存在显著的中介效应。而人机互动仅是用户与平台的互动，知识流动是单向的，用户通过浏览、收藏、关注等行为获得自己有用的信息或知识，不会产生直接的知识协同成果，因此导致其在用户异质性与知识协同绩效之间中介效果不显著。实际上，人机互动对知识协同绩效的影响是间接的，即通过网络外部性为社区提供隐性价值，吸引更多用户参与，从而间接为知识协同做出贡献。

二、管理启示

在社会化问答社区中，用户异质性拓展了用户间知识互动的广度，而用户互动性在异质性的基础上加深了用户间知识互动的深度（刘静岩等，2020），两者对于社区知识协同绩效的提升均具有显著的影响。但现阶段以"知乎"为代表的社会化问答社区中，用户的异质性虽有一定的基数，但由于"沉默"用户过多，并未很好地将现有用户异质性转化为社区的知识协同绩效。基于上述研究内容和结论，本章得出以下两点管理启示：

（1）根据研究结果，用户异质性与知识协同绩效之间存在倒 U 形关系。在社区发展初期，增加用户的异质性有利于提升知识协同绩效。当达到阈值后，平台通过技术手段将用户细分为不同的群组，既能保证平台的流量，又能通过提升各群组的知识协同绩效从而提升平台整体的绩效。因此，社区应致力于通过各种途径吸引用户的参与。同时加强技术研发，充分利用大数据技术，保障平台能够根据用户的背景、知识搜索、互动等行为，及时通过话题推送等方式，引导其加入与自身知识或兴趣相符的话题或群组，以有效推迟社区整体异质性阈值的到来，提升知识协同绩效。

（2）用户间的人际互动性在用户异质性和知识协同绩效之间存在显著的中介作用，即社会化问答社区可通过增强用户间的互动性来提升社区用户异质性转化为知识协同绩效的程度。因此，社会化问答社区应采取多种措施，激发现有用户参与人际互动的积极性。例如，对于活跃度比较高的用户，平台应通过社区奖励、等级提升、建立严格的监管措施以保障其高质量互动等方式维持或提升其互动性。对于新加入或活跃度比较低的用户，平台可通过利用大数据技术，根据外界的实时动态以及用户的实时兴趣或话题，搭建不同主题的讨论组来吸引用户的参与。此外，邀请不同领域的知名人物定期开展线上活动也可以提升用户的参与度。

第八章　知识协同与价值共创案例分析

2018 年底，"知乎"用户人数超过 2.2 亿。知乎创始人兼 CEO 周源曾经表示，知识应惠及每个人，而不应是小众的，近年来，平台涌入大量用户互动分享与交流，用户结构变化很大，用户群体从一小部分人群的"知乎"变为普惠型知识型平台。同时，探索多元化、新型的商业模型是其一直不断探索的，随着商业化步伐的加快，知识付费成为较成熟的模式，并在商业广告模式方面不断探索。数据显示，2018 年 1~6 月"知乎"营业收入总额同比增长 340%。但用户体验并没提升，有用户表示："经过最近几次更新、改版，我发现'知乎'的广告越来越多。"展示广告是平台变现的重要途径，这样做无可厚非，但"用力"过头就会适得其反。

为了信息的可靠性与安全性、用户身份的准确性与真实性，"知乎"在 2011 年之前坚持邀请制度，之后为了发展开放平台的用户注册大量所谓"知识低端人群"成为"知乎"的用户主体（有研究指出，2018 年 12 月底，"知乎"用户本科以下、重点本科以下学历占比分别为 61%、96%），用户水平的参差在很大程度上降低大众对"知乎"的信任；同时为了商业化，也无法顾及全部用户体验而进一步降低用户使用的满意程度。曾经以高品质知识交互为标志的知识型平台，如何在现有用户结构下提升公众信任度、提高用户参与度、挖掘知识协同价值，从而实现价值共创成功推动商业化发展，成为摆在知乎决策者面前的重大难题。

由于中国互联网用户数量的不断扩大，通过网络获取知识的比重越来越大。网络既增大了信息量，又改变了知识传播与接收者之间的相对地位，知识的接收者也是传播者。与此同时，出现了解决信息获取同时实现社交功能的知识型平台，这一平台的出现，使大多数用户都可参与知识交互活动，打破了少数人掌握知识的旧局面。与传统市场以企业为中心的价值创造方式不同，互联网平台型企业的价值创造表现为平台与用户的价值共创共享（刘经涛等，2019），知识型平台领域甚至表现为以用户为主导的价值共创。这就对知识型平台企业提出了更高要求，需要更多关注用户体验和用户与各主体的互动过程，不断提高用户参与度和活跃度，从而实现各方价值的提升。尤其是当知识型平台走入"寻常百姓家"，大量普通用户介入到知识活动中时，一定需要解决的问题是：如何发现他们的知识需求、如何发掘他们的知识贡献，如何发动他们参与到平台价值共创过程中呢？

从商业视角出发，Prahalad 等（2002）关注低收入用户的创新活动，提出的"金字塔底层（Bottom of Pyramid，BOP）理论"，认为 BOP 群体存在巨大的创造性，关注并满足这一群体的需求，不仅可以发现新的增长机会，还可以创造出经济、社会的双重价值。拼多多、连尚文学等平台企业通过市场下沉，瞄准三四五线城市的"底层"用户群体而取得巨大成功。在知识领域同样存在 BOP 人群，虽然"大 V""意见领袖"对平台贡献有显著影响，但不可忽视 BOP 人群在共创活动中的作用。

知识型平台存在众多协作参与知识活动、拥有知识资源的用户主体，通过协作、整合、优化知识资源，取得"1+1>2"的协同效果。如何在不同人群产生的大量冗余知识中，准确获取知识、精益满足不同用户需求，就需要在协同作用下对不同人群产生的异质性知识进行整合。异质性的知识为知识协同过程奠定基础，同时异质度越高的知识，越需要协同从而创造价值（陈建斌等，2014）。

第一节　BOP 内容生产

2020 年 5 月 5 日，网络文学行业巨头阅文集团的部分作者以抵制霸权合同、维护自身权益的名义发起了"55 断更节"。阅文集团于 5 月 6 日启动了"系列作家恳谈会"进行面对面调研和沟通，并进一步明确表态："810 万网络作家，是阅文最宝贵的资产，是阅文未来发展的基础和根本。"但是，"810 万名作者是一个庞大群体，有白金大神，有头部作者，有更多的大量中小腰部作者。"[①]网文平台必须考虑到每个圈层的利益，如何去除沉疴、革故鼎新，构建作者和平台共赢机制，绝非易事。

---

① https：//www.huxiu.com/article/355572.html。

随着精英"大 V"资源枯竭和市场下沉，非传统合作伙伴如金字塔底层（Bottom of the Pyramid，BOP）人群参与内容生产成为一种必然。

BOP 内容生产是指在数字技术支持下，BOP 群体通过市场化机制参与多元化的信息生产与内容制作，从而获取物质和精神多重收益的商业模式。互联网内容服务具有典型的创生性（Generativity）特征，能在数字技术支持下不断通过用户反馈和参与而持续拓展和迭代，强调大量异质用户参与以及生态特征。BOP 群体规模很大，与传统（Top of the Pyramid，TOP）人群相比，有着明显的资源禀赋差异性和巨量的隐性价值，一旦在互动中被发掘、被激发，将具有更大的经济价值和社会价值。对内容型平台来说，规模化发掘 BOP 人群参与"创生"既是一种现实选择，更是一种创新机遇。商业化内容平台构建双边或多边市场，连接了内容消费和内容生产，但传统研究较多关注了内容消费，内容生产的相关研究还处于现象归纳与理论初步建构阶段，内容生产者在平台市场中的角色、定位、需求、动力以及行为特征研究是一片尚待开垦的处女地。邢小强（2019）等通过对快手和抖音的探索性案例研究，首次探讨了 BOP 人群在信息生产中的角色和地位，开创了 BOP 内容生产和价值创造的研究先河。

数字化知识产业和内容平台商业模式的迅猛发展，如何惠及更多层面的人群并发掘他们的创造潜力，使 BOP 内容生产的研究成为一种必然。现有文献较多关注内容消费一侧的研究，少量文献关注到了领先用户、网红大 V 等 TOP 人群的内容生产问题，对 BOP 内容生产者的动机因素和价值追求尚未有深入探讨。针对内容平台研究中存在的缺陷，本章以平台视角探讨 BOP 内容生产的内涵和驱动因素，并以平台支持（数字技术赋能和权益计划激励）为调节变量，从理论上构建 BOP 内容生产研究框架，从包容性创新和价值共创角度探讨内容平台价值共创的激励机制和治理策略。

一、包容性创新与 BOP 内容生产

（一）包容性创新中 BOP 角色

Prahalad 和 Hart（2002）最早提出 BOP 概念，意指处于全球经济金字塔底层的低收入群体。Prahalad（2005）进一步提出 BOP 战略，指出 BOP 蕴含着巨大的商业潜能，企业有效服务于 BOP 市场能够获得经济回报，同时缓解甚至消除贫困。George 等（2012）将 BOP 战略与包容性增长相结合提出了包容性创

新；邢小强（2019）等进一步把包容性创新界定为企业与穷人进行价值共创与分享的过程。

Davidson（2009）认为，BOP不仅是价值链中的消费者，更是企业创造全新业务的合作伙伴，通过合作实现共赢。当把BOP视为消费者时，Prahalad与Hart（2002）主要着眼于利用商业机制解决贫困问题，而企业可以更容易实现突破性产品创新和产业创新。进一步地，BOP作为生产者，则不仅能够获得生产效率提升并深化市场角色认知，更可以作为创新合作伙伴进行价值共创。这时，企业要与BOP群体建立以市场机制为基础的契约关系，确保创新群体生产要素、创新资源与企业价值链无缝对接。

（二）BOP内容生产

Web 2.0时代，平民大众通过用户生成内容（User-Generated Content，UGC）实现了互联网发声，而知识付费时代的知识精英和"网络大V"专业化内容生产（Professional-Generated Content，PGC）更受瞩目。但正如"五五断更"事件揭示的，鼓励与支持更多BOP内容生产者进入平台并持续、大量与多样化地提供优质内容对平台发展影响深远。

邢小强（2019）等认为，符合行业代表性企业、科技型企业、用户规模亿量级与覆盖范围全国性四条标准的平台，其用户群体中就会同时包含TOP用户与BOP用户（也被称为下沉市场用户），并选择了短视频平台抖音、快手作为案例对象。事实上，除了上述短视频平台，知识型平台知乎、得到，网络文学平台阅文、连尚文学等之外，均属于符合四条标准的内容平台，因此必然存在着大量BOP内容生产现象。

由于参与人群的特殊性和商业机制的创新性，BOP内容生产与传统的UGC、PGC存在着明显差别。世界经济合作与发展组织2007年描述了UGC的三个特征：以网络出版为前提，内容具有一定的创新性，非专业人员或权威人员创作。一般而言，网络上由普通用户产生的内容均被称为UGC，其基本特征是社会化、自觉化、碎片化、非商业化，生产周期短，生产成本低。PGC产生于知识付费时代，具有天然的商业基因，创作主体是具有较高知名度的精英人群或"网络大V"，知识产品权威化、系统化、专业化，生产周期较长，生产成本高。本章认为，"BOP内容生产"兼具商业化UGC或平民化PGC特点。首先，"高手在民间"，BOP可能生产碎片化内容，也可能生产系统性、专业化知识产品；其次，BOP人群具有较大的规模性和较强的异质性，从而内容具有较宽的多样性、多元化；最后，BOP 内容生产嵌入平台商业模式，具有明确的商业机制，经济收益与精神收益兼具，且商业化氛围日益浓厚。

随着互联网普及、内容产业发展和市场下沉，BOP 内容生产作为一种具备显著特性的新现象、新模式，必然成为当前行业实践和理论研究的焦点。从理论层面来看，BOP 人群参与内容生产的内部动机有哪些呢？平台提供的哪些外在因素能够激励 BOP 人群的参与度呢？这是本章关注的两个要点。

二、BOP 内容生产的内部驱动因素

（一）用户参与内容生产的驱动因素

用户参与平台的内容生产是内在因素驱动和外部环境刺激双重作用的结果。当前研究主要关注 UGC 参与动机与影响因素（见表 8-1）。综合来看，Web 2.0 时代赋予普通人参与互联网内容生成的能力和机会，一般来说用户参与的驱动因素包括：社会因素（包括主观规范、信任、认同感与归属感、社会互动和交往）、技术因素（包括平台和工具的易用性、有用性、技术可靠性、内部规则设置、隐私和安全）、个体因素（包括个体职业、年龄、性别、兴趣、习惯、自我效能感等）三个维度。

表 8-1　UGC 参与的影响因素

作者（年份）	影响因素
王慧贤（2013）	社交媒体平台用户参与影响因素：用户自身（功能收益、娱乐收益、自我效能）、用户关系（成员信任、社会存在、社会联系、利他主义、互惠期望、声誉地位）、平台环境（平台信任、社会认同、成本收益、网络外部性）
杨学成和涂科（2018）	平台支持质量（信任、平等、角色明确），自我决定感（自主感、胜任感、归属感）
Jano 和 Sara（2018）	网站的易用性、信息、交互、界面等影响用户在线共创价值
简兆权和令狐克睿（2018）	顾客心理、行为和社会因素的契合过程促进价值共创
徐嘉徽等（2019）	绩效期望、努力期望、社会影响、个体创新、感知风险和便利条件
周莹莹等（2019）	知识贡献者受个人声誉、共享意愿、群体认同感等影响；知识寻求者受社会地位、共享渠道、社会存在感影响

续表

作者（年份）	影响因素
Saunila 等（2019）	经验、隐性知识技能、角色、态度、能力
宁连举（2019）	行为维度、环境认知、体验认知、情感维度
迟铭等（2020）	契约治理机制、关系治理机制将影响顾客价值共创行为

（二）BOP 的行为习性及其驱动因素

UGC 除了一般用户的驱动因素之外，还需要考虑 BOP 人群的特殊习性。在"局内人"信息传播模式中，成员们相互信任、彼此依靠、互动频率很高，信息主要依靠口头传播，乡村"能人"和回乡青年、创业者是人际传播的关键节点。例如，连尚文学免费模式推出后，借助春节返乡期间的口碑传播，连尚读书 iOS 版自 2019 年 1 月 13 日起连续 13 天位列 App Store 图书类排行第一，2 月 9 日高居免费 App 总榜第二位[①]，反映了典型的 BOP 人际传播效应。

从市场的角度来看，BOP 独特性/差异性主要表现在品牌意识、价格敏感度、社会网络等方面。

（1）穷人具有很强的品牌意识，但又不会轻易尝试陌生品牌、店铺和支付方式。

（2）价值敏感度高，但在某一可接受的价格区间内，BOP 消费者会选择价格更高、质量更好的产品和服务。

（3）社会网络规模小、强连带多、同质性高，主要在由家庭成员、朋友以及邻居所组成的正式与非正式的社会网络中获取信息和分享经验。

（4）虽然穷人处于经济金字塔底层，却不一定处于知识金字塔底层，互联网平台可通过结构、资源和心理赋权驱动贫困创业者建立自己的商业模式，参与 BOP 市场价值创造、传递与分享，实现物质与精神生活的双重提升。

研究表明，BOP 群体消费决策的影响因素主要有感知价值、初始信任、促销方式和信息传播渠道等。那么，BOP 人群内容生产决策的影响因素有哪些呢？不同的平台模式，"信息效用"的表现形式有所不同。快手、抖音等视频平台通过技术创新和商业模式创新为 BOP 用户价值实现提供了机会，用户创作以获取信息、学习知识、娱乐消遣和舒缓压力等无形收益为主，以抖音小店和广告

---

① https：//baijiahao. baidu. com/s? id＝1627254335763126024&wfr＝spider&for＝pc。

等方式[1]获取有形收益为辅；在知识付费的知乎、免费阅读的连尚等以文字为媒介的内容平台，就需要提供以现金奖励为主的有形收益计划[2]，吸引 BOP 人群参与内容创作。

综合以上论述，本章认为，BOP 内容生产的驱动因素主要包括创新意识、感知价值、初始信任、社交联结、自我效能感等（见表 8-2）。首先，在移动互联网场景，具有强烈探索倾向的个体表现出寻求多样性、冒险和更高参与度的行为模式，有创新意识的 BOP 人群基于个体兴趣、爱好、生活和发展需要，更倾向于参与创新活动；其次，BOP 人群具有较低消费水平和较高价格敏感度，内容生产的付出与收益决定其感知价值，进而直接影响其决策；再次，BOP 群体拥有更高的忠诚度，对外来企业存有抵触心理，因而平台的社会影响力、声誉等初始信任因素将在很大程度上影响 BOP 对内容生产价值的评估；又次，BOP 人群更易接受身边熟人朋友的推荐意见，因此作为信息主渠道的社交联结也是关键因素；最后，数字技术创新应用能够显著降低内容生产成本，有利于吸引更多低技能 BOP 内容生产者参与平台创作，而技术赋能后的自我效能感更有利于 BOP 内容创作的持续性。

表 8-2　BOP 内容生产的个体驱动因素

类型	层面	具体因素	BOP 特性
BOP 个体	人口统计学特点	职业，年龄，性别	以年轻人为主，普通生活
	动机层面	创新意愿，兴趣爱好，娱乐消遣，感知价值	初始以娱乐消遣为主，创新意愿、感知价值维护持续性
	能力层面	自我效能感（专业知识，经验经历，成就感）	外界正反馈
	技术层面	感知有用性，技能赋能（感知易用性）	技术赋能增强易用性
	社会层面	社交联结，初始信任，平台归属	社交联结主要指熟人网络和小圈层特征

三、BOP 内容生产的外部影响因素

BOP 内容生产还受到另外两个外部因素的制约或影响，即数字技术的赋能

---

[1]　https://zhidao.baidu.com/question/2144915470574768908.html。

[2]　http://www.zhulang.com/fl/v2020/index.html？v=2020。

和权益计划的激励。例如，优酷后台的视频上传技术较为复杂，阻碍了内容生产的积极性；快手和字节跳动在短视频制作技术上的创新可以有效提升内容质量，结合培训、数据反馈和平台激励措施，可以大大提升 BOP 生产者的积极性。

（一）数字技术赋能

数字技术赋能是通过"大物移云"和人工智能等数字技术赋予特定人群。数字技术时代价值共创网络中赋能的核心要素，包括信息共享、开放性结构、协同规则等。周文辉（2018）等探索性地对赋能与价值共创、商业模式创新与生态演进的关系进行研究。数字技术赋能个人增加了人力资本，赋能社区改变了经济发展与形态。邢小强（2019）等针对内容平台创新性将数字技术分解为数字内容技术与数字连接技术，通过 BOP 内容生产者赋能等创新策略与手段，使 BOP 人群平等参与内容价值的创造与分享。

（二）权益计划激励

近年国内数字经济发展迅速，内容平台产品丰富、模式多变、创新踊跃，国内学者以真实平台为对象开展的实证研究成果较为丰富，笔者对重要文献梳理见表 8-3。

表 8-3　国内关于内容平台的权益激励研究

作者（年份）	研究对象	激励措施与权益计划
①视频类内容平台		
王晨（2017）	腾讯短视频	经济激励：频道间差异化补贴分配、流量主分级调控、竞赛； 精神激励：线下活动、转发视频； 能力激励：线上训练营、线下行业交流会
张小强和 杜佳汇（2017）	优酷视频	动机层面（以经济激励为主）：广告分成、边看边买、粉丝赞助、等级制度； 能力层面（提升自我效能）：推广营销特权、定期教学、搜索直达特权、版权举报专属通道； 环境情感层面（社区建设）：延伸线下活动、发展自频道社区、社区等级和积分奖励、设置勋章中心和幸运大转盘

续表

作者（年份）	研究对象	激励措施与权益计划
吕凯（2018）	YY 直播、网易直播	经济激励：更倾向于只含奖金的薪酬合同； 精神激励：非货币性收入
何迪（2019）	哔哩哔哩	互动激励：点赞、收藏、转发、关注、评论、私信； 资源激励：提供曝光机会、推出资源活动； 官方活动激励：线上和线下活动
邢小强（2019）	快手、字节跳动	从 BOP 视角，将流量策略作为物质激励；将平台参与者之间的连接与互动作为精神激励
②问答类内容平台		
左美云和姜熙（2010）	百度知道、腾讯搜搜问问、新浪爱问知识人	直接激励：①积分规则及兑换（虚拟+实物）；②等级设置；③悬赏；④排行榜 间接激励：①提问求助；②回答反馈 专家激励：①专家选择；②专家考核；③专家激励
金晓玲（2013）	雅虎知识堂	高积分等级激励：首页显示、兑换实物奖励； 低积分等级激励：考虑学习和获取知识的能力的要素激励
杨海娟（2014）	社会化问答网站	利他主义、互惠、自我效能、网站信任等因素对知识贡献态度、知识贡献意愿有显著影响
李晓方（2015）	百度知道	流量经营；等级创造、财富以及特权分配；对"下载量"和"网友推荐"进行考评
王晨（2017）	知乎	物质激励：积分兑换礼品、带有限时限量礼品的运营活动等； 精神激励：创造使命感口号、勋章、排行榜、点赞等，创造好友系统、设置特权； 用户体验：增强平台易用性、提升平台色彩搭配等级
徐建芳（2017）	知乎	用户视角的激励：划分"等级"、推行"奖励""邀评""互评"等激励 信息质量视角的激励：规定内容长度的"最小值"、实行评论积分奖励制度、建立用户个人信用档案 优化环境视角的激励：增设平台安全保障措施、信息审核制度、开设客服及反馈模块
孙思阳（2018）	百度知道、新浪爱问、知乎	物质激励：有奖征集活动、金币奖励、重金悬赏等 精神激励：会员名誉级别奖励、公开表彰
曾昭娴（2018）	悟空问答	优质答主：重金签约 普通用户：现金红包福利、问答活动、月榜表彰

续表

作者（年份）	研究对象	激励措施与权益计划
		③文学类内容平台
周志雄（2009）	原创文学网站	从收益激励视角，"VIP制度"激励了作者写作的勤奋程度
杨寅红（2013）	盛大文学	通过分层次的作者签约模式，将散落各地的个人用类似员工管理的激励制度来加以培养，挖掘大批优秀网络文学作家
邓晓诗（2016）	阅文集团	奖金福利管理包括：勤奋写作分成制度、勤奋写作按月奖金、作品完结奖励、月票奖、推荐奖、最低工资、商业保险、弹性福利内容等
邓晓诗（2018）	起点中文、创世中文、潇湘书院、晋江文学城	四类网络文学作者的奖金系统：连载更新的速度效率类、一次性完结作品类、排行榜单类、其他奖金类
郝婷和杨蕾磊（2018）	纵横中文网、潇湘书院、逐浪小说等国内37家网络文学平台	①作家签约制度：分成签约、买断签约、保底分成签约；②作家福利保障制度：低保扶持、新题材买断及奖金奖励，另外还包括全勤奖、完本奖、勤奋写作、月票奖和道具奖等；③作家等级制度：不同等级的作家在推荐、评奖、参与培训及IP运营等方面待遇具有显著差异；④作家写作培养制度：开设高级研修班、作家培训班、网络文学大学，提供写作专栏与行业资讯等；⑤作品版权运营制度

从表8-3可以看出，内容平台的激励措施一般包括物质激励和精神激励。物质激励主要包括奖品激励、金钱激励、积分激励等；精神激励主要包括等级励章、排行榜、身份标签、任务驱动、特权激励等。还有一些平台采用了能力激励（培训、交流等）。同时，视频和问答平台有着类似的多元化激励手段，而网络文学平台则需要签约、保底、分成、资金等基本的物质保障，在此基础上采用精神激励发掘生产潜力。

（三）平台支持：数字技术赋能与权益计划激励

内容平台的数字技术及权益计划可以有效地提高BOP人群消费能力、创作能力，协调平台利益相关者的协同关系，推动平台生态系统健康演化。例如，快手和抖音等短视频网站在技术方面的创新有力推动了BOP人群的内容创作；知乎的"创作者中心"使创作者收获成长、经济和影响力等多方面利益[①]；连尚文学一方面利用手机写作助手引导读者转型创作，另一方面设计了"成神直

---

① https://www.jianshu.com/p/d1ce849a1fac。

通车""分级全勤""小众创新""作者健康计划"等系列化完善的权益体系[①]。BOP 群体的能力提升是包容性创新实现的关键，而平台赋能、数字技术赋能等能够降低用户参与门槛、提高平台绩效，是 BOP 内容生产能力提升的重要路径。内容平台冀望通过数字技术和权益计划的组合产生"赋能""催化"效应。

一般来说，内容平台采用的数字技术既包括面向终端用户的数字连接技术、数字内容技术，也有后台应用的 AI 推荐、过滤、审核和流量调节等数字调控技术；权益计划一般包括能力成长（培训、交流）、经济收益（现金及虚拟货币等）和精神收益（身份认同、社区声誉等）。关于平台支持的理论研究还较为碎片化，缺少理论整合。本章首先根据实践观察、资料梳理和理论研究，提出包含数字技术赋能和权益计划激励的"平台支持"关键构念及其量表的描述，以及相应的度量方法，如表 8-4 所示。

表 8-4　平台支持构念及维度

核心构念	一级维度	二级维度	度量
平台支持	数字技术赋能	数字内容技术	内容制作涉及的相关技术归类
		数字连接技术	内容传播技术的归类
		数字调控技术	后台 AI 技术和流量调节
	权益计划激励	能力成长	教育培训的内容与形式
		经济收益	现金及相关的兑换策略
		精神收益	社会化无形收益，归类分析

有关内容生产动机研究显示，获得经济回报仅是众多动机之一，Blanchard 和 Markus 提出，自身的兴趣爱好是虚拟社区分享行为的最重要因素，只有将经济回报与巩固用户的兴趣爱好、帮助用户了解作品传播和反馈情况等结合起来，才能真正把握住用户身份的转换，在动机层面激励用户参与。这也意味着，平台支持与用户动机之间有着契合度的问题，在用户动机与价值实现之间发挥调节作用，而平台须整合价值体系、用户动机和驱动因素、平台支持策略等关键理念和政策体系，形成生态化平台治理，营造包容性创新和价值共创实现机制，推动平台各方互利互融、健康发展。

---

① http：//www.zhulang.com/fl/v2020/index.html？v=2020#。

四、基于 BOP 内容生产的平台价值共创治理

(一) BOP 内容生产的概念模型

本章首先基于包容性创新和价值共创视角，结合业界实践观察，探讨了"BOP 内容生产"的内涵及其与 UGC/PGC 的关系；其次探讨了 BOP 内容生产的动机因素、内容平台的数字技术赋能和权益计划激励。很显然，以 BOP 内容生产的动机因素作为自变量，以平台共创价值作为因变量，以平台支持作为调节变量，就形成了较为完整的"BOP 内容生产"概念模型（见图 8-1）。

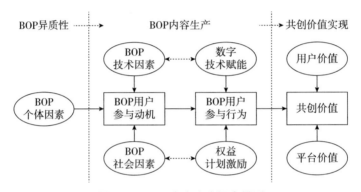

图 8-1　BOP 内容生产概念模型

(二) BOP 内容生产的平台治理

1. 平台价值共创的规制管理

平台管理需要在参与者的多样化和价值主张的一致性之间寻求平衡，以生态的视角实现价值治理，达成动态平衡。鉴于平台用户包含了从 BOP 到 TOP 的多元主体，平台需要研究不同生态种群的行为特性，从准入审核、互动规范、战略决策、利益分享等方面制定恰当的生态治理规则。通过合法契约和关系规范，利用合约、技术、信息等多种工具实施系统治理，实现平台的价值协同。

2. 平台价值共创的激励管理

网络外部性是平台生态系统的典型特征，平台管理者不仅要考虑共创的交易价值，还要兼顾共创的非交易价值。尤其当引入大量 BOP 人群后，平台的内容生产和内容消费必然面临新的局面。一方面，探索平台文化激励，培养相同

的愿景和文化，构建系统性、灵活的激励机制；另一方面，探索数字技术赋能，发掘数字赋能的激励机制，帮助平台生态系统中的嵌入性资源之间形成连接关系，建立合作与信任机制，激发各价值主体内容生成及创新的兴趣和情感粘性，提升平台的网络外部性，使之成为平台持续发展的动力机制。

3. 平台价值共创的创新管理

发挥内容型平台的网络效应在促进知识溢出和知识吸收中的作用，推动隐性知识、显性知识之间的转化，促进平台系统内外部创新，实现企业知识创造的螺旋式发展。平台可以从数字赋能途径、BOP 创作的内容特征等角度探索包容性创新的路径，通过开放式的知识流动和学习创新，激发多方主体创新活力，实现平台的信息价值共创。

五、总结

平台经济的快速崛起是近年来全球经济发展的一个重要态势，代表了一种新的生产力组织方式，是经济发展新动能，对优化资源配置、促进跨界融通、推动产业升级、拓展消费市场尤其是增加就业，都有重要作用。随着数字技术的发展和人民精神文化消费需求、消费能力的提升，以短视频和网络文学为代表的内容平台也进入快速发展轨道，内容消费者和生产者都呈现了规模化和下沉化发展态势，BOP 人群参与内容生产已经成为现实。内容平台如何赋能和激励 BOP 人群生产健康的数字化内容产品，已经成为业界的重要课题。

本节首先基于包容性创新和价值共创视角，结合业界实践观察，探讨了"BOP 内容生产"的内涵及其与 UGC/PGC 的关系，其次探讨了 BOP 内容生产动机、内容平台的数字技术赋能和权益计划激励，最后构建了"BOP 内容生产"的概念模型。主要的研究结论有：

（1）平台需要重视 BOP 内容生产的独特性。为了构建优质多元的内容资源，BOP 人群挖潜最为关键。研究表明，不同于互惠性用户内容生成（UGC）和知识精英的商业化运营，BOP 人群的信息行为具有明显的小世界网络特征，熟人朋友的推荐发挥着关键的引导作用；BOP 信息需求和内容生产在主题和质量方面都存在着较大差异性；BOP 人群参与的动机、意愿和自我效能感，也与主流认知不甚相同。这些都奠定了 BOP 内容生产的独特性和专门性研究的意义。平台企业需要基本的 BOP 群体认知和管理应对，制订针对性平台内容生产的治理策略。

（2）平台需要重视数字技术对 BOP 群体的赋能效应。以计算机、互联网和智能终端为代表的信息技术在普及应用过程中，技术采纳的可用性、易用性是一项新技术或新产品能否市场化、商业化的关键指标，在 IT/IS 研究领域受到广泛关注。同样地，数字化内容的生产技术也受到内容平台的高度重视，尤其是面对 BOP 用户所进行的包容性创新，更需要特定的技术赋能。BOP 群体中存在着多样性内容资源，但可能缺少相应的写作技能和操作技能，需要针对性数字技术和数字产品的赋能，通过不断改善和推广内容生产技术，大幅降低参与门槛和生产成本，激发 BOP 群体的创作活力。

（3）基于 BOP 人群的信息行为特征和特定价值追求制定权益计划。BOP 群体参与内容生产，受经济因素、精神因素、社交因素的多重综合作用，初始动机和持续动机都有不同，平台需要基于对 BOP 群体的深度认知，制订适合的经济、精神相结合的权益激励计划。传统认为，BOP 人群可能是数字内容的主要消费市场，尽管精英人群有较高的人文素养且具备内容生产的可能性，但所谓"高手在民间"，规模巨量的 BOP 人群可能蕴藏着更为丰富多元的内容创作资源供更大规模的用户进行消费。但是，初始步入内容生产的 BOP 人群，其参与的意愿、动机和价值追求一定也存在着较大的不确定性，需要加强研究和针对性激励。

（4）BOP 内容生产的价值定位纳入平台整体价值体系加以衡量，确立包容性创新战略方向，把解决社会问题纳入自己的商业逻辑，实现社会利益和经济利益的协调发展。平台支持与用户动机之间有着契合度的问题，平台须整合价值体系、用户动机和驱动因素、平台支持策略等关键理念和政策体系，形成生态化平台治理，营造包容性创新和价值共创实现机制，推动平台各方互利互融、健康发展。

党的十九届五中全会指出，我国要在"十四五"时期建设文化强国、提高国家文化软实力。数字化内容平台将是新时期文化产业的重要组成，在弘扬中国精神、传播中国价值、凝聚中国力量方面发挥至关重要的作用。数字化内容平台具有"产品数字化、平台数字化、交易数字化"的低摩擦市场特性，双边市场能够以较低成本和较快速度集聚大量内容生产者和消费者，基于大数据驱动的 C2B 商业模式下内容提供者能够更精准认知客户需求，提供更贴合用户需求的数字产品，推动数字内容消费繁荣发展。但是，过度的流量经济和兴趣迎合，可能导致内容消费的娱乐化、低俗化，不利于人民精神文化的品质提升，无法承担文化强国的历史使命。由此也引发了内容平台的伦理责任和价值引领问题的讨论，BOP 内容生产无疑也应关注平台责任和用户需求之间的平衡，并着眼于价值引领下的"用户成长"问题。本章仅初步探讨了平台视角的 BOP 内容生产内涵、价值追求和驱动因素，研究成果有助于丰富数字技术赋能下 BOP 用户信息行为及平台治理研究，后续一方面将基于机理分析与模型验证对 BOP 内容生产者与平台价值共创开展定量实证研究，另一方面也要关注 BOP 内容生产和内容消费之间协同化社会责任治理问题，为平台的内容生产、价值创造、社会责任治理实现"协同化、共创性、生态化"提供更为丰富的理论与实践指导。

第二节　BOP 知识协同与价值共创的研究现状

本节主要对平台型企业、价值共创和知识协同的相关理论及研究现状进行梳理和综述。为构建本研究的理论模型奠定基础。

一、平台相关研究

随着平台经济在社会发展中的创新效果日趋彰显，平台型企业逐渐被学术研究所关注。平台概念来源于双边市场理论（Rochet et al.，2003），双边市场研究的重心就是平台企业（Mcintyre et al.，2017）。平台作为连接双边或多边市场的核心架构，它变革了传统的线性价值创造逻辑（Eisenmann，2011）。平台型企业的类型多种多样，包括垂直型平台、综合型平台、虚拟社区平台、知识型平台等，由于分类标准不同，相应的平台型企业可能归属多种类型。本节主要对知识型平台企业进行相关研究，对平台相关研究主要从知识型平台的概念及研究范围、平台用户研究、平台策略三个方面进行综述。

（一）知识型平台

随着信息时代的发展进步，互联网平台应运而生，我们习惯于在物质世界与数字世界的交叉世界中进行社交、学习。亚马逊、淘宝、百度、谷歌等都是典型的互联网平台，它们是服务系统，由平台的运营者提供，让用户自由地交流、交易等（张镒等，2020）。互联网平台之一的知识型平台是把知识转变为服务或产品提供给用户的系统，同时驱动用户开发、利用自己的知识能力和需求，为知识的需求方、供给方提供了互动的平台（武真，2019）。知识型平台大多由在线问答社区发展而来，因此其具有社区多对多网络传播信息、言论自由等特点。

从知识型平台的研究领域来看，已涉及教育（吴永和等，2019）、医疗（李菲菲等，2019；张琦，2019）、科研（严玲艳等，2019）、品牌（宁连举等，2019）等领域。从平台形式来看，知识型平台的研究除包含狭义的企业内部知识平台之外，还包括在线用户创新知识型平台，例如，戴尔公司的 Dell IdeaStorm（薛娟，2016）、星巴克的 My Starbucks Ideas（李奕莹，2017）、小米公司的小米社区官方论坛（王超超，2019）等；在线问答知识型平台主要有知乎、果壳、得到等。

（二）平台用户研究

基于用户的需求、兴趣、价值等方面因素对其进行细致的分类，对于活跃在市场的企业的发展非常重要（苏朝辉，2019），根据细分可以提供满足不同用户需求的产品或服务，从而达到增加收入并提高竞争力的目的（李纲等，2019）。

1. 平台用户分类

从行为与角色划分方面看，Armstrong（1997）认为，用户分为潜水者、贡献者、浏览者和购买者四种类型；考虑成员对消费活动、平台两个方面的影响，Kozinets（1999）将用户划分为浏览者、贡献者和内部人员；谷斌等（2014）根据用户等级与专业能力将用户划分为边缘用户、核心用户、信息获取者；赵晓煜等（2014）根据用户的创新性、专业性、互动性和影响力识别平台内的领先用户；周莹莹等（2019）将知乎平台用户分为知识贡献者和知识需求者。

2. 从小众用户到大众用户

从用户对平台影响力、平台对用户重视程度方面来看，以往研究对于"意见领袖""领先用户""精英用户"等特殊、少数用户参与的价值共创过程已成为共识（Schweisfurth，2017），意见领袖具有引领舆情趋势、传播公共知识、推介商业信息的特点，他们普遍个人社会地位较高、受教育水平较高。领先用户具有领先市场优势、高期望收益、丰富的产品知识、超前的服务需求等特点。

知识型平台解决了知识获取、实现了社交属性，又让更多人参与到交互活动中。Prahalad 等（2002）提出了"金字塔底层（Bottom of Pyramid，BOP）理论"，BOP 理论所关注的创新是关于低收入人群创造的，认为这一人群本身蕴含巨大的创造力、创新能力,发现其需求,平台企业可以找到新的增长方向,创造经济价值、社会价值。拼多多、连尚文学等平台企业通过用户下沉,瞄准三四五线城市的"底层"用户群体而取得巨大成功。在知识领域同样存在 BOP 群体,虽然"大 V""意见领袖"对平台贡献有显著影响,位于"金字塔顶端"的小众用户可以与平台共创价值,但不可忽视 BOP 群体在共创活动中产生的价值。目前对于 BOP 群体如何能有效地参与到平台价值创造、平台又如何能有效地利用这一群体,无论对业界还是学界,目前都处于探索阶段。

肖静华等(2018)研究发现,在当前大数据情境下,不应忽视非领先用户的作用,企业可以通过正当使用这一类用户消费、行为等方面数据,给企业决策、研发带来创新思路。邢小强等(2019)发现,分析 BOP 人群存在的价值,认为平台通过技术方面的策略手段可以支持 BOP 用户进行内容生产,使其自由、平等参与企业价值创造过程。尤成德等(2021)认为,企业应当密切关注当地资源和手边资源,充分挖掘创新创业的机会,并推动 BOP 群体参与到创新活动中。

本章研究的 BOP 群体所具有的特性,并不仅指收入少的人群,更多的是相对于"领先用户""精英用户"等特殊、少数消费者特点的大众人群,他们无形中将手边资源进行新的整合和再利用,突破资源的既有属性,使资源用于新用途、产生新服务、创造新价值。因此,当知识型平台走入"寻常百姓家""BOP 群体"介入到知识活动中时,如何发现他们的知识需求、发掘他们的知识贡献,他们自身特性是如何作用于价值共创过程的,最终如何让他们更积极、有效地参与到平台价值共创过程中,这些都是需要发现和解决的问题。

(三)平台策略

关于平台策略的概念,基于不同的情境不同学者给出的定义不同。表 8-5 为相关学者对于平台策略定义研究内容总结。

表 8-5 平台策略定义

平台策略定义	学者
平台策略是基于平台、技术可以把新产品开发的内容提升到新高度的过程	高建新(2006)
平台策略是发展、留住有价值的用户,即提升用户粘性,从而影响平台产品开发、提升移动支付的平台竞争力	陈斌等(2015)

续表

平台策略定义	学者
平台策略是通过创造某种交互环境、设计协调机制、改善组织机构以达到全面提高成员能力的效果	罗仲伟（2017）
平台策略指平台通过提供技术支持、开放互动环境，从而优化利用、高效整合内外部资源，赋予全体成员参与能力、创新能力的高水平手段	郝金磊（2018）
平台策略是为了实现资源、用户、平台共创共赢，以用户体验为核心点，依赖各种技术为互动连接打造完美接触点，从而达到资源互补、共生共创的状态	曹仰锋（2018）
平台策略是平台企业通过数字内容、数字连接等技术为金字塔底端人群创造平等参与平台价值共创的条件	邢小强（2019）

结合上述观点，本书认为，平台策略平台组织依靠行业技术创新，围绕利益相关者能力的全面提高所提供的资源供给、技术支持、创造互动情境和利益共享机制设计等一种或多种组合形式，实现整个平台生态系统内资源的开放和共享，进而赋予利益相关者创新、生产和竞争的能力。

平台策略在价值创造过程中有很重要的作用，引起了学者的关注，很多学者基于相关理论研究平台策略，但很少有学者将平台策略作为一个调节变量来研究不同策略对共创过程的影响。基于此，研究认为平台不同的策略调节用户由动机到行为的过程。

二、价值共创的研究

（一）价值共创的概念

在价值创造理论中，一直存在的热点话题是价值是由谁创造的。基于商品服务逻辑，企业是价值创造者，而消费者是价值的被动接受者，价值由企业所创造并且传递给消费者。其价值也主要体现为交换价值。随着学者在价值领域的不断探索，社会的发展使消费者在价值创造中的角色逐渐凸显。21世纪初期，著名学者 Prahalad 与 Ramaswam 最先对价值共创的概念内涵和要素进行了明确的界定，提出平台与用户是合作伙伴，他们可以一起共同创造价值，双方通过互动的行为方式，在一定情境下用户通过形成个性化体验而实现。

通过梳理国内外相关文献，学术界将价值共创的内涵分为三种情境：生产领域、消费领域和网络环境下的价值共创（余义勇，2019）。

在生产领域内，平台主导价值共创，满足用户需求的前提是平台自身先想象出用户的需要，此时，平台也会通过引导用户群体参与服务、产品的设计与价值产生过程，因此，叫作价值共同生产。用户使用价值是产品的主要价值来源（Vargo et al.，2008）。刘文超等（2011）认为，价值共创是用户把自己的需求主动加到平台提供服务过程、生产产品设计中，使平台供给、用户需求更契合，让产品与服务更有价值。由此可知，在生产领域，平台与用户的交流互动可以带来价值。

消费领域中的价值创造完全来自于消费者，认为用户是价值创造的主体。随着消费者的地位不断提升，平台开始逐渐倾向以用户为核心，产生全新的价值共创方式，即让用户全程参与价值创造过程（Prahalad & Ramaswamy，2004）。服务主导逻辑是消费领域的价值共创基础，在研究价值共创相关理论方面起到促进作用，并且基于服务主导逻辑，Vargo 等（2008）提出，为了实现体验与使用价值，利用平台专业技能，帮助用户使用产品，为其提供服务。Vargo 等（2016）指出，用户与平台整合资源共创价值，已成为主导者，用户更便捷、主动获取自己所需信息。

网络经济让用户获取信息更为便捷与主动，而且个性化的需求也更容易被平台企业感知，随着平台和用户网络机会的增多、空间的扩大开放，交流互动机会也不断增加（Prahalad et al.，2004），在网络环境下的价值共创实际是消费、生产领域模式的统一。吴志泓等（2014）指出，在网络环境下，用户分享经验、表达观点，积极互动从而使平台挖掘用户更深层次的需求进行价值共创。简兆权（2016）也认为，在网络环境下，价值共创以顾客逻辑为依据，以用户体验为价值基础，挖掘用户潜在需求并满足进而实现价值共创过程。

综合以上三个领域的观点可以发现，价值共创在不同领域中企业与消费者扮演的角色是不同的，本书认为，在知识型平台中，基于共同的价值主张价值共创是主体自发地打破原有封闭运作，逐渐开放组织边界，并在统一的制度和规范下形成不同层次的互动体验和资源整合的动态过程。

（二）价值共创演化路径

传统的价值认知把用户看为被动的价值使用者，价值创造是由企业主导、决定，价值经由企业的价值链传递给顾客（Normann et al.，1993）。在价值创造中随着用户的角色变化，用户成为价值创造的重要来源，各种价值不单由企业创造，而是企业和用户共同创造（Prahalad et al.，2004）。随着网络经济的发展，价值主体已不再局限于企业和顾客，更多的主体例如供应商、服务商、合作者等参与到价值创造过程中，价值共创的研究逐渐开始关注更为复杂情境下的多个主体共创价值过程，在此基础上，价值共创研究不断拓展和升级。

1. 商品主导

传统观点认为，在价值创造过程中平台与用户的角色完全不同，价值由平台创造，通过价值链传递给用户（余义勇，2019），而用户在价值创造中仅为消耗者、使用者（Normann et al.，1993）。但有研究表明用户积极参与到企业的各种产品生产、提供服务活动中，使平台和用户均获得更多的价值（Wikstrom，1996），这也为 Ramírez（1999）价值共同生产的提出奠定了基础，用户既是价值使用者，又是创造者。但共同生产价值受商品逻辑的影响更多（Vargo et al.，2006；Payne et al.，2008），它仍然强调价值创造的主导者是平台方、企业方。

2. 服务主导

在价值创造中市场环境日新月异，用户的作用与地位也变得越来越重要。Prahalad 等（2000）在解释价值共创时着重强调了价值共创是由企业创造价值变为用户与企业共同完成，用户决定价值、用户是价值创造的主体为价值共创理论的核心内容。从服务主导逻辑出发，Vargo 等（2004）拓展了价值共创相关研究；简兆权等（2016）也从服务主导逻辑出发，梳理了价值共创相关的研究脉络，将其定义为各主体整合资源、交换服务而共创价值的过程。

3. 用户主导

近年来随着信息技术、网络经济的蓬勃发展，用户角色也发生重大转变（张海涛等，2020）。用户可以通过社会化网络参与到企业的生产活动中。多样化、个性化需求也更容易被企业所感知，企业的营销核心正由产品逐步转向用户（吴瑶等，2017），用户在市场中的影响与作用变得越来越突出，用户参与的互动行为逐步成为企业与用户共创价值的基础。

因此，企业应迅速获取不断发展多样化用户需求，及时推出适应的产品、服务，不论是线上还是线下都要努力促进企业–用户、用户–用户间交流互动（余义勇，2019），了解用户需求达到共同创造价值的效应。共享经济的迅猛发展不仅改变了人们传统的生活方式，也打破了传统的经济模式下的价值共创。涂科（2019）研究表明，在共享经济下，用户与平台才是价值创造的参与者，提出不同阶段遵循不同的主导逻辑、创造方式，价值共创理论在共享经济下进一步扩展。焦娟妮等（2019）拓宽了价值共创相关研究，把用户主导逻辑下的价值共创中的价值延伸到企业社会价值，研究了用户与社会价值共创的概念、类型、驱动因素。

（三）价值共创前置因素

结合目前的研究现状，关于价值共创前置因素的研究主要体现在用户的动机、互动、体验和社交网络社群建设等方面。

已有关于平台价值共创的研究很多，Zwass 等（2010）、Nambisan 等（2009）、李朝辉（2013）等深入探究了对价值共创动机，发现享乐、经济、认知、个人整合、社会整合等需求是驱动价值共创行为的主要因素。将使用与满足理论作为研究的理论基础，万晴晴（2015）将用户动机分为六个方面，即信息、认知、决策、享乐、个人成就和社交层次，同时指出互动会影响自发参加价值共创行为的意愿。随着网络社会的发展，社会化媒体成为平台与用户知识共享、促进企业研发创新的强大来源。Schau 等（2009）研究指出，情感承诺、用户技能、社群管理等都会对价值共创产生影响。在虚拟社区研究中，陈容容（2019）发现，系统内容、信息质量、互动程度、激励四个方面与用户价值共创行为呈正相关关系。魏思敏（2018）研究发现，意见领袖与普通用户可以对各种话题进行控制，在意见领袖引导下，平台与各类用户对共创的价值更易达成一致预期。宋学通等（2019）从游客体验视角研究发现游客的涉入程度对共创行为有正向影响。

价值共创意愿是带动用户价值共创行为的心理因素（牛振邦等，2015）。申光龙等（2016）以体验价值为中介变量分析了行为对用户参与价值共创的影响机理，并验证了价值共创过程中的知识情感交流，社交关系的拓展会为用户的体验价值奠定基础。张新圣等（2017）验证了虚拟品牌社群特征（界面质量、互动、社群融入、互惠规范和激励机制）对用户价值共创意愿有驱动作用。邓强（2018）提出，虚拟品牌社群中通过用户承诺的中介作用，互动体验、娱乐体验、信息体验会在不同程度上影响用户价值共创意愿。

本章从价值共创动机和从动机引发行为来研究价值共创前置因素，共创动机借鉴周莹莹等（2019）将知乎平台用户分为知识贡献者和知识需求者的结论，用户是有两面性的，他们不是单纯的知识贡献者或者知识需求者，因此，本书关于动机的研究是从用户分别作为贡献者和需求者两个方面动机；另外借鉴李朝辉（2013）、万晴晴（2015）等的研究对动机进行细分，需求者动机包含一般信息需求、决策需求、娱乐需求，贡献者动机包含人际效用和经济效用。

（四）价值共创结果因素

对于平台及其平台使用者来说价值的共创共享是非常重要的，其产生的结果对平台与用户是持续性、独特性的影响（姚鹏，2018）。对企业而言，价值共创活动能提高用户的购买意愿、对品牌的忠诚、提升品牌资产（Zhang，2014），降低产品成本、提高效率（杨慧等，2020），发现新市场机会、改进现有产品不足、发明符合需求的新产品（杜丹丽等，2020），提高品牌的产品质量、提升品牌形象和价值、提高服务创新价值（狄蓉等，2020），这些构成了企业区别于其他企业的竞争优势；对于用户而言，可以获得实用价值与享乐价值（张明立和涂剑波，2014），经济价值、享乐价值、关系价值以及学习价值（沙洁，2019），社会认同、满足感、满意的产品（刘源等，2020），成绩、荣誉和物质奖励、独特的体验（焦勇兵等，2020）。

三、知识协同的研究

知识型平台是知识协同研究的重要场景。在宏观上的研究有基于 Web 2.0 的知识社区对企业调动知识资源能力的影响（陈建斌等，2015）、知识异质性"双刃剑"效应的定量验证（Yingying et al.，2020）等。本书认为，对于知识型平台价值创造是知识协同的目标，通过平台与用户的知识分享、知识转移、知识创新等知识资源的整合是知识协同的有效构成。

对于知识协同过程的研究：从知识利用角度，冯博等（2012）将知识协同过程分为知识分析、发掘、重构、整合、创新五部分；从知识流动角度，储节旺（2017）将知识协同划分为知识共享、知识转移、知识创造三个阶段；从知识生命周期角度，李丹（2019）将知识协同过程划分为协同酝酿、协同形成、协同运行、协同终止四个阶段；基于活动理论视角，洪闯等（2019）分析了问答平台用户知识协同过程，构建了知识协同模型；韩晶怡（2019）分析产学研知识协同的运行机理，认为其分为三个阶段：准备阶段、运行阶段以及延伸阶段。

关于知识协同影响因素的研究：魏想明等（2012）研究发现，影响知识协同的三个要素为主体、客体、环境因素；主体意愿、知识吸收创新能力、知识资源丰富度为主体因素；知识的隐含性与嵌入性为客体因素；用户的文化差异、知识差异、地理差异为环境因素。陈建斌等（2014）研究发现，知识协同的前提条件是知识异质性，在一定程度上知识异质度越高，越需要知识协同。储节旺等（2017）研究发现，创新开放度、知识需求与供给、知识匹配度与共享程度等影响开放式创新中的知识协同。洪闯等（2019）认为，影响平台用户协同的因素有社群文化、平台激励机制、任务适配度等，并且提出几条优化管理策略。基于心理学、社会学两个视角，王培林（2021）创建知识协同认知过程模式，建立环境刺激、协同意识、协同态度等对知识协同的影响。

从当前知识协同相关研究可以看出，其过程大多按流程、时间、流动等角度，知识型平台参与主体对知识协同的影响因素较大，缺少从平台利益相关者互动行为中探究知识协同过程。

四、小结

通过回顾平台、价值共创、知识协同的相关研究文献，发现在这几个领域已有丰硕的研究成果，现将做以下两点总结：

（一）关于平台的研究

在已有对知识型平台研究中，可以看出知识型平台涉及领域广、类型多。用户是平台的重要资源，对不同类型用户需要采用不同的管理策略，因此用户识别、分类非常重要。在以往研究中，学者往往重视对于重要用户例如"意见领袖""大 V"用户等的研究，而随着互联网的发展、市场的下沉，位于"金字塔底端"的 BOP 人群参与价值共创成为一种必然。

因此，当大量用户介入到知识活动中时，如何发现他们的知识需求、发掘知识贡献，用户自身特性是如何作用于价值共创过程的，最终如何让用户积极参与到平台价值共创过程中，这些都是需要解决的问题。

同时，学者逐渐关注到平台策略的重要作用，平台策略可以提高平台所提供的资源供给、技术支持，创造互动情境和利益共享机制设计等，赋予利益相关者创新、生产和竞争的能力，从而促进价值共创，而用户由动机引发行为从而可以与平台共创价值，基于此，本书提出把平台的不同策略作为调节用户动机影响行为过程中的一个重要变量。

（二）知识协同与价值共创

当前文献较多从用户感知、用户体验的角度研究价值共创，少量文献从资源整合角度进行了探究，但没有指明资源的具体内容。在服务主导逻辑中提到，知识、经验在价值共创中非常重要，但很少有学者验证知识资源的整合在其中的作用；而知识协同是将知识资源进行整合并转化为价值的有效方式（Gloge et al.，2009），目前较少将其与价值共创进行联合研究。因此，本研究以知识协同视角来剖析知识型平台的价值共创机制。

第三节　案例研究与模型构建

一、案例研究设计

（一）理论预设

对于案例研究，需要先构建理论，以便为案例的分析提供一个完整、系统的框架，呈现关键问题、帮助研究者确定收集资料的方向、分析问题的方法，因此，在分析前进行理论预设的构建极其重要（李世超，2012）。

本研究对相关文献做出回顾之后，提出从知识协同视角探究"知乎"的价值共创机制过程，由此进行案例分析。本书构建的理论预设框架如图8-2所示：①共创动机促进行为；②平台各主体之间通过共创动机以及共创行为来共创价值；③平台策略在共创动机影响行为中起调节作用；④BOP特性在共创动机影响行为中起调节作用。

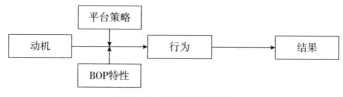

图8-2　理论预设框架

（二）案例企业选择及概述

关于单案例还是多案例研究的选择，Ridder（2012）指出，从多案例中可以总结出更具有说服力的结论，如果资源充足、条件足够，应当选择多案例进行研究。但也有学者指出，如果一个案例充分证实相关变量或概念之间的某种逻辑关系，就没必要花费更多的资源增加案例（陈文波等，2016）。基于研究主题及资源，出于对知乎的兴趣、信息的可得性，本书选择知识型平台的代表性企业之一"知乎"作为研究对象。

知乎的诞生源于创始人周源的一个偶然发现，他发现国外的问答社区 Quora 虽然是一个只能提问和回答的社群，但会有很多几乎不接受媒体采访的行业精英参与到 Quora 中分享知识与有趣的故事。其实当时在国内已经有强大的互联网搜索引擎，但是还没有一个工具能将人们脑子里的知识、经验和见解搬上互联网，能够让人与人之间更好地连接，知乎应运而生，于 2010 年 12 月正式开放。本书在借鉴已有研究的基础上，从价值主张、战略定位、平台运营、平台内容四个模块概括"知乎"的现状。同时，总结了"知乎"从成立以来的发展历史，如图 8-3 所示。

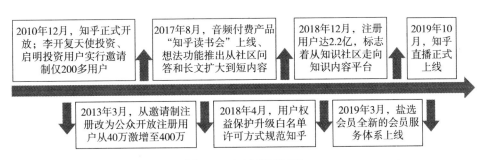

图 8-3　知乎发展过程

资料来源：笔者根据网络资源整理。

知乎以改变知识获取方式为价值主张，随着信息时代的不断进步，生活节奏越来越快，大众对信息的抓取需要更加高效且迅速。对于海量信息的筛选至关重要，尤其是面对知识碎片化、非理性传播、科学性降低以及人们习惯性的浅阅读、快餐化交流等。如何通过知识管理将拥有各种资源与大量信息挖掘成为更具有价值的知识，是当前重要的课题。在信息严重超载的时代，人们每时每刻都在接受大量消息，因为获取专业化、高质量的知识也成为现代人的重要需求。知乎改变了年轻人"知识获取"的方式。"与世界分享你的知识、经验和见解"一直以来都是知乎的成立初衷。成立初期,知乎选择邀请制度方式,确保了用户实名制注册,严格控制了平台用户的资质与内容质量,积累了行业专家、业界精英,打造了平台浓厚的文化氛围。

从问答社区向知识平台转变的战略定位,为了增大流量,知乎于2013年选择开放,用户迅速增长,目前知乎已成为中文互联网平台界最大的深度内容知识型平台,积累用户超2.2亿人次。2019年下半年,众多大型投资机构投资知乎,对知乎的发展也是重大的里程碑事件。知乎拥有丰富且可靠的知识场景、知识内容表现形成富媒体化,是一个超级流量入口,这些都为知乎的海量内容生产与平台变现带来机会,这也就是其不断走向大众化、商业化的过程。是知乎从问答社区向知识内容平台转变的过程。

在知乎平台运营方面,知乎拥有丰富的产品内容,包括知乎Live、书店、圆桌、咨询付费、盐Club等。首先,制造热点话题和优质问题。从最开始的李开复、马化腾,不难看出多数的问题是由运营方自行提出的。对于刚起步的知乎,如果依靠用户自发提问的话,相对周期过长,肯定会影响流量效果。再加上知乎的页面设计总是将有话题性或优质的问题直接推送至用户端首页,所以也吸引了众多用户回答问题。作为运营商要不断地关注着各领域的热点、重点和经典问题,在适当的时机将其转化成平台的热点,制造话题。其次,关注优质的用户。对于优质用户给予关注与鼓励,不断地发掘新用户,增加用户的活跃程度。最后,对于优质内容给予曝光度。有了高曝光度,会让好的内容被更多人认可赞同,引起更多的共鸣。优质的内容还可以被推送到第三方网站,使得更多的人可以看到,既鼓励了生产型用户,也为消费型用户提供了精华内容。

信息高速更迭,用户高品质信息需求使信息降噪成为用户和平台双方的共同需求。知乎在上线前进行内部测试的40天内,几百名用户创造了超过8000个问题,两万多个回答,产品留存率极高,达到了96%。2011年初知乎成立,最初的有影响力的用户为知乎做宣传,产生了巨大的影响力,为以后的发展奠定了基础。在以内容为核心的前提下,知乎不断地吸引用户参与到平台的价值创造中,为用户搭建良好生态的知识平台。

深度的知识内容是知乎价值创造过程中的关键,这些知识内容看似是五花八门的问题与解答,实际涵盖了趣味科普、专业内容、时尚信息和情感认知等方面,平台知识内容的内部已形成成熟的知识生产方式。"知乎"作为一个互联网平台企业,它的运营模式使其无法独自完成价值创造。平台连接不同类型的用户构成复杂网络共创价值，因此揭示该机制具有深远意义。

(三) 研究方法及数据收集

本书未形成具体的理论，是在预设框架的基础下研究"知识"的价值共创过程，因此采用单案例探索性地研究"知乎"价值共创机制过程。

研究结合一手、二手资料收集数据，根据预设框架、设计访谈提纲进行访谈。本书对 6 名知乎用户进行了共 14 小时的访谈，并录音。访谈结束，整理录音资料，剔除不相关信息，方便归纳、编码。同时在访谈前后，收集了知乎的产品介绍、制度文件等材料，从网站收集新闻报道等以提高研究效度。

(四) 数据处理及信效度

为了使资料适合编码，先将各种类型的资料进行整理，接着对案例内容进行归纳。使用 Nvivo11 进行编码，在案例情况及文献阅读的基础上，从共创动机、共创行为、共创结果、平台策略、BOP 特性这几个维度进行一级编码，再根据相关文献对它们的解释与测量，对一级维度下的具体内容进行了编码总结，形成二级编码，本研究根据编码对案例进行一步步的分析。

案例分析是否有逻辑、是否可信、是否有效，案例的信效度一直备受争议。本书从三个方面保证研究信度：①编码是两人、同时、未讨论进行的；②两名研究者同时参与本研究选题谈论；③编码不一致时，有专家给予指导与建议。

同时本书从以下两个方面保证研究效度：①搜集资料多来源；②为保证研究与实际相符，相关专家为分析结果把关。

二、案例分析

本书以知识型平台——知乎从"动机—行为—价值"这一条主线梳理价值发展脉络，对平台策略、BOP 特性作用下的运营过程以及各利益主体之间的交互、知识协同过程做一分析，进而说明"知乎"的价值共创机制。本章节中对编码结果进行典型例证描述，表 8-6 至表 8-10 呈现了相关构念和编码结果。

(一) 共创动机分析

1. 人际效用

美国社会学家林南的"资源说"提出"你知道什么""你认识谁"，在社会生活中非常重要。社会资源在人与人之间无处不在，但这些资源大部分镶嵌在整个社会网络中，很少被社会的个人所拥有，需要通过互动、信任、关系取得。同时，在社会中，个人拥有的"弱关系"会比紧密的"强关系"带来更多的利益。

百度知道看似是回答，实际是搜索；而知乎的一问一答其实才有社交的属性，这是知乎与百度知道的很大的差别之一。在知乎浏览信息时，会遇到很契合、谈得来的朋友，用户会保持线上的联系，也有很少的用户将友谊延续到线下。受访者1表示在知乎的"知友"为自己在旅行期间提供不少建议，他们一直通过私信保持联系。这就是"弱关系"的体现，平时的互动保持微弱的关系，但在需要时，这样的关系就显得非常关键，为个人的生活某些方面提供引导作用。

"有一位知友，她在日本留学三年，对日本很了解，刚好我年初去日本，联系到她给了我很多帮助，我玩得很顺利、开心。另一位'知友'，北京本地的知友豆豆，因为离得很近，我们在线下也约过见面吃饭。"（受访者1）

2. 经济效用

知乎是知名的网络问答类型的知识型平台，流量大，用户数量多。用户在知乎分享知识、经验、见解，通过在知乎做好内容创作的同时学会营销、做好运营，会吸引到很多用户的关注而带来经济利益。

"很早之前，我写过一篇介绍如何赚得'第一桶金'的回答，获得了2000多赞，后面被阅读了10万次以上，又被其他平台转载，浏览量直线上升。接着，我就收到了很多私信邀请我做推广。"（受访者4）

"我在知乎写文章，留了打赏的途径，其他用户给我的打赏，最少的5毛，最多可以有几百元，还有的文章有百度的编辑找我想让我授权转载。"（受访者5）

3. 一般信息需求

从不同渠道获取信息以消减问题带来的不确定性是我们的天性。通过访谈得出，获取信息是用户使用知乎的动机之一。当问到"您觉得您使用知乎的主要动机是什么"时，对80%受访者回答自己关注生活、学习、职业相关问题，获取自己领域内的信息是在知乎浏览的直接动机。

"知乎大牛的回答、思路见解为我的学习提供特别好的资料，我关注的软件程序领域的内容非常有价值，例如，有一篇总结文本分类的文章，详细分析了先进技术在文本分类相关领域的进展，阐述深入浅出，非常值得学习。"（受访者1）

"我本科专业是数学，在知乎我关注了很多数学相关的话题，即使很多学术内容不如知网、维普等平台严谨，但也是高手云集，给我以研究启发。"（受访者3）

知乎丰富的内容生态不断满足用户的知识需求、激发用户的使用依赖。在自己擅长领域外，受访者关注的其他领域用户均超过 20 人，非本专业领域话题均超过 4 个。知乎拥有海量信息，讨论话题几乎涉及全领域，用户在知乎探索非常广泛的兴趣爱好，让用户可以窥见更广阔的世界。

4. 决策需求

相较于其他互联网平台，知乎信息量大、获取成本低、可信性较高，因此，对多数用户，很多时候他们会通过知乎平台搜集、获取信息、帮助决策，知乎工具性特征很明显。

"最近我牙龈一不小心就出血，很困扰我，百度了很多都觉得不可靠，所以我使用知乎看里面的答案有没有适合我做出判断的。我发现我所看到的既专业，又有配图，回答者认证有北京大学医学博士、武汉大学口腔博士等，他们回答了前因后果、该怎么办等，让我对口腔健康知识有了系统的了解，觉得非常靠谱。我需要通过他们的解答先对自己的病情有一个初步的判定，然后才去医院选择科室、医生问诊以减少出血。"（受访者 6）

互联网平台一方面对用户提供便利信息，另一方面也让用户更加依赖其提供的产品或服务，平台与用户决策信息获取之间的关系越来越密切。受访者中将近 80%的用户表示自己有过依据知乎的回答做决策的经历，都会对相关信息进行判断，不盲目地相信。

"尽管知乎很多问题下面的回答观点不一，但都有理有据，在辨别信息的可靠程度、可信性后，再做出判断或决策。通常来说我会通过回答者身份、赞同数、评论，最主要的是内容的逻辑性、真实性，找出适合自己的答案。"（受访者 5）

很多网民习惯于通过互联网获取信息帮助日常决策的做出，这一需求随互联网的便利而不断提升，互联网平台成了全新的社会资源，为网民提供搜索、解决问题的新途径。知乎用户的决策是搜集信息、确定可信性后，经由用户思考后得出。

5. 娱乐需求

娱乐需求是用户使用网络媒介非常重要的动机，知乎既有"专业""精英"的标签，也与逛朋友圈、刷微博一样有"娱乐""趣味"的属性，像受访者 4 一样，一些用户大多情况下用碎片化时间"刷知乎"，使用知乎成为填补日常空缺的重要媒介。

"我基本都是睡觉前刷一下知乎，时间不是很长，有时就是为了娱乐放松，

打发一下时间。"（受访者4）

笔者在访谈时发现，知乎的高赞回答大多都在具有专业性之外，具有易读性、趣味性，用户会用通俗易懂的描述表达专业知识。

"知乎很多用户文风清奇、有干货。郎朗也是知乎使用者，他回答过一个问题：'一个乐队的几个成员吵架了，谁最大可能赢？'听起来无厘头，但是经过郎朗的分析之后，既专业又有趣，这就是知乎吸引人的地方，让人觉得干货满满又听起来津津有味。"（受访者3）

另外，知乎平台聚集了各个行业的用户，平台内容丰富迎合了用户猎奇的心理，趣味性、奇特性深深吸引着用户。

"知乎没有微商、没有遍地的鸡汤、没有不转不是中国人，有很多不错的东西，一开始我为了搜集信息，但是慢慢地我更愿意把时间浪费在知乎而不是去刷微博、逛朋友圈了。"（受访者2）

可以看出，即使是理性专业的平台，用户使用其最初始的动机也是求趣心理。但也可以看到，知乎用户与其他知识型平台用户的求趣心理有不同之处。

通过对受访者动机的分析，研究者发现，受访者在知乎平台共创动机主要分为人际效用、经济效用、一般信息需求、决策需求、娱乐需求这五种，在不同阶段用户动机相互联系又不断变化，有着一种内在的联系（见表8-6）。

表8-6 共创动机编码结果

相关构念	一级维度	二级维度
共创动机	一般信息需求	专业知识
		扩大知识面
		生活体验和新奇事物
	决策需求	信息值得信赖
		提升或改变自己
	娱乐需求	消磨时间
		发展兴趣爱好
		有意思的话题和答案
	人际效用	分享我的观点和看法
		交流时有更多的谈资
		结识新的朋友
	经济效用	得到经济收益

（二）共创行为分析

知乎聚集不同背景的用户，产生大量异质性信息、知识资源。用户协作进行各种活动，把产出的内容放置在一个流通的环境里，用户之间形成动态连接。具体来说，知乎的共创行为、互动机制，通过知识协同来完成，普通用户、意见领袖和官方等多方参与合作，知识流的不断运动、碰撞，并随着新的知识成果的产生，共享、整合平台内的"集体智慧"。

"在知乎获得赞和感谢能够让我有更多关注，赞和感谢被赋予了社交互动和内容筛选的双重价值，并且让我的回答让更多人看见，我也会对我所认同的平台内观点点赞、收藏或感谢。虽然这个过程中并不会有实质性的商品，除了营销深一层次的东西之外，所有的成就都是个人页面的点赞数，但我仍然愿意在平台上分享和交流，看到我自己的知识和其他人的知识在平台内流通。"（受访者5）

用户进入登录知乎平台，浏览平台内容，通过点赞、收藏、转发等行为参与平台价值共创。一方面，得到赞同的创造者会被激励，有利于平台的知识创作、知识创新氛围；另一方面，这一行为将信息、知识流通转化，优化整合平台资源，使平台内的知识达到一种有效的协同。

"最近我想了解关于一些证书考试的问题，我发现之前有相关的提问，但不能完全契合我所想要的，所以就自己设计了问题发布，得到了很多见解。我会根据问题讨论的进展情况反过来回复那些解答我问题的人。我比较喜欢这样一来二去互动形式的交流，其实有时所谓答案自己是知道的，只是不确定。在与其他用户互相评价交流的过程中会重新分析，重新整理，有时可能会得出新的结论，我比较喜欢这样的过程。"（受访者1）

一个高质量的答案，需要整理知识、梳理经验。用户简单的分享行为逐渐变成了付出精力、时间来进行信息的梳理、知识的分享。用户回想经验、查找资料，整理知识，在为其他用户提供有用讯息、为平台增加内容量的同时，也增加了自己的知识库。

尽管知乎平台的知识包含隐性知识与显性知识，但以隐性知识为主，用户的互动、交流、分享主要是对其他用户的隐性知识进行接收、改造、吸收。受访者1会在平台内交流过程中重新分析、重新整理，是用户和平台显性知识和隐性知识的交流转化过程，对不同知识资源的整合协同得出新的结论，即新的知识。

因此，通过访谈者自己对于共创行为的描述，发现针对知识平台知乎用户的体验、意愿都可以包含在用户与用户、用户与平台的协同过程中，通过用户参与水平（浏览、赞同和喜欢、收藏、邀请等）和用户贡献水平（提问、回答、评价等内容生产）加以体现（见表8-7）。

表8-7　共创行为编码结果

相关构念	一级维度	二级维度
共创行为	用户参与水平	浏览、赞同和喜欢、收藏、邀请
	用户贡献水平	提问、回答、评价

（三）共创的价值分析

1. 知识资本价值

通过对几位受访者的调查研究显示，受访者的知识结构通过回答问题、浏览网站发生很大变化，从中他们可以找到自己的兴趣点及发现知识盲区。在信息传播、知识分析的过程中，不停地有新内容的渗入，用户本身拥有的价值越来越显著，这些对优化自身知识结构有很重要的作用。受访者2在知乎关注的内容涉及本专业医学领域知识的同时，自己的兴趣点滑滑板话题也对他益处很大，通过知乎他了解了滑板的选择、装备的不同、不同形式比赛的体验等。受访者4表示自己在知乎学到了很多提高厨艺的妙招，例如，如何做好香嫩的鸡翅、做出可口的家常菜的妙招等。受访者表示他们接触到的各种信息，他们会有选择性地接受，接受后习得知识，用自己可以做到的方式比如尝试、验证等途径验证某一信息的准确性，从而内化为自己的知识，使显性知识成为拥有个人印记的隐性知识。

知乎用户对平台表现出对于这个知识内容、文化氛围的强烈认同感，知乎整体水平高、平台开放度强，以及其内在凝聚力深厚、内容极具深度，认为平台有着同类问答平台所没有的东西。知乎是一个海量优质知识聚集地，分门别类有序摆放，满足用户的求知欲。

2. 社会资本价值

在知乎，由于用户交友基本保持在线上，很少有人会将关系发展到线下，线上的知识社群摆脱了地域带来的交往约束，因此，更需要信任，信任可以看作是利益交换，甚至是社会资本。尽管只有线上联系，但这种线上的"弱联系"却是知乎用户较为重要的社会资本。因为这种弱联系间用户的异质性很大，所以这样就更易于获取更有价值、异质性强的知识。

受访者 2 表示她明确区分线上与现实的友谊，线上的友谊仅限于线上问题的互动。可以看出，她不会想和知乎线上好友建立"真实"的友谊，并没有期待通过这样的形式收获友谊。

"在线上交到的朋友，线下不怎么联系，我们大多情况还是谈论一些自己感兴趣的话题。"（受访者 2）

受访者 3 与知友之间的联系，不是通过加微信这样私密的方式，而是仅通过私信。虽然对共同话题在相应的题目下会有很多交流讨论，但通过私信联系还是相对有防备的线上联系方式。

"肯定可以交到朋友呀，我在法国留学，在平台上认识了同样的留学生，我们都对旅游、运动相关问题有研究、有兴趣，我们就一起交流、分享，通常情况我们联系是通过私信的。"（受访者 3）

此外，也有用户会将友谊延续到线下，受访者 1 表示他把平台上的友谊发展到线下，一方面原因是他们处于同一地域，另一方面对方性格比较好，很热情。

"我们之间的友谊就是平常聊天、点赞，或者互相帮忙，平时和同在北京的豆豆也会线下联系，我们会相约吃饭等。"（受访者 1）

同时，知乎用户强烈认同知乎平台，他们认为在这里只要认真思考、回答，就一定不会被辜负。正是由于这种用户数量和用户粘性，加上知乎创新性的商业模式，使其获得很多投资机构和投资人的认同、看好。

"知乎平台用户数量巨大，而且我觉得用户粘性很高，最起码我觉我和周围用了知乎的人都觉得离不开它了，像微信一样是我的生活必需品。并且我觉得平台与许多机构都建立联系或者合作，很多投资机构都很看好它。"（受访者 3）

3. 经济价值

知乎推出知识付费的同时又注重保护知识产权、创作版权，保障平台用户经济收益。知乎的用户根据等级不同有不同的权限，开设 live 课堂、出版数据、开通问答打赏、接商务活动等，将拥有的知识资本、社会资本转变为经济价值，获取经济收益。医学优秀回答者田吉顺，积累一定数量的粉丝基础后，用自己多年来从医经验开设专业课程讲授医学常识、医学知识，共开 14 场 live 直播课堂，并获得实际的经济收入。知乎平台自成立以来 Live 分享参与购买超过 1000

万人次，复购率达 42%，平台总收入超 1 亿元① （见表 8-8）。

表 8-8　共创价值编码结果

相关构念	一级维度
共创价值	知识资本价值
	社会资本价值
	经济价值
	娱乐价值

（四）平台策略分析

受访者 2 在访谈中表示，他在知乎可以自由自在地交流，自己可以放下一切戒备、处于一种很放松的状态，认同知乎的交流氛围。给用户构造这样一种归属感、舒适感依靠于知乎平台策略。知乎依靠行业技术创新，围绕利益相关者能力的全面提高所提供的资源供给、技术支持、创造互动情境和利益共享机制设计等一种或多种组合形式，实现整个平台生态系统内资源的开放和共享，进而赋予利益相关者创新、生产和竞争的能力。

我每次打开知乎，有时会看一看自己关注的人的动态，但是更多的时候其实是浏览知乎推荐内容和热榜内容。我发现它推荐的内容比较适合我阅读，是我想看的东西，我总是看一会就忘记了时间，内容很丰富，而且很新颖，有时会给我带来惊喜。同时，我会受到一些问题回答的邀请，我觉得这些问题都是我关注到的问题，很多时候我会整理思路认真回答。（受访者 2）

知乎的智能推荐系统让几个受访者均表示感受很好，他们都提出在知乎里虽然有广告，但却不是那么反感，因为不像一些 App 那么生硬地植入广告。一方面舒适的感觉增加了用户的停留时间，另一方面内容的高匹配度又增加了用户的粘性。通过知乎平台的使用感受描述，受访者表示对知乎的盐值体系的分值、创作者中心的数据分析内容比较感兴趣，有时能够激励他们参与平台的活动等。同时，知乎邀请了很多"机构""专家"入驻，优化平台内容，设立合理的屏蔽及举报机制，整理优质内容合辑方便用户获取（见表 8-9）。

---

① 1 亿收入 350 万人次参与，知乎 Live 这一年经历了什么 ［EB/OL］. 搜狐网，2017－05－27. http://www.sohu.com/a/143884993_820654. 2017. 12.

表8-9　平台策略编码结果

相关构念	一级维度	二级维度
平台策略	智能推荐	准确
		多样
		新颖
		惊喜
	权益激励	能力成长
		经济收益
	平台优化	

（五）BOP特性分析

用户交流互动、分享知识是知乎运行的内在逻辑。在这一技术平台上，用户之间通过多元文化互动连接彼此，形成巨大用户网络群，每个用户都参与平台的生产与构建，同时用户会获得存在感、拥有独特体验、取得需求满足。

知乎从邀请制到面向公众开放注册，用户群体呈指数增长，用户群体的扩大就无法保障用户质量，但用户质量不能仅依靠传统意义上用户学历的高低、拥有知识的深度等方面来衡量，因为用户参与知识资源的整合、价值创造的形式是多种多样的。用户的表达和分享，提供了社区的共同知识资产，对于平台的知识创新很有价值，受访者6认为大量的底层用户，拥有异质性知识，他们在回答问题时有时会提出不一样的思路和视角。

"在一些问题的回答下面会有专业人士全面的解答，但也不乏有很多粉丝很少的、不是很出名的人的见解，我认为很多的时候都很新奇，他们会从很多不同的角度分析问题。"（受访者6）

用户是知乎平台的核心，平台设有点赞、评论、收藏、感谢、转发等参与选项，大量的BOP用户可以参与到协同生产的过程中，同时输出大量异质性的知识资源，为平台内容组织结构的形成和内容生产贡献自己的力量。

"知乎存在大量像我这样水平不是很高的用户，但我认为我们虽然不能像大V用户那样引领新趋势，在平台的个人影响力不是很大，但我会关注很多领域的内容，以个人的力量将社区内的信息传播出去，让更多的用户看到内容，使其发挥更大的价值。我认为在平台秩序和营造知识氛围中大群体的普通用户参与起到主导性作用。"（受访者4）

虽然有别于大 V 用户，但 BOP 用户通常不具有深度的专业知识和能力，然而，新的技术应用正在改变以往限制 BOP 用户参与价值创造的情况。他们不需要具备专业知识，就可通过平台内的在线行为参与到知识资源整合的过程中，而对平台和自身产生价值（见表 8-10）。

表 8-10 编码结果

相关构念	一级维度
BOP 特性	收入水平低、关注内容异质性高
	跟随性

三、价值共创机制模型和研究假设

（一）模型构建

基于以上分析，本书的研究模型构建如图 8-4 所示。用户参与知乎平台价值共创动机由需求者动机和贡献者动机组成，需求者动机包括人际效用、经济效用，贡献者动机包括一般信息需求、决策需求、娱乐需求；用户共创行为有参与行为和贡献行为两种类型；共创的价值包括知识资本价值、社会资本价值、经济价值、娱乐价值。包括智能推荐、权益激励、平台优化的平台策略和用户 BOP 特性对用户由共创动机到共创行为过程起调节作用（见图 8-4）。

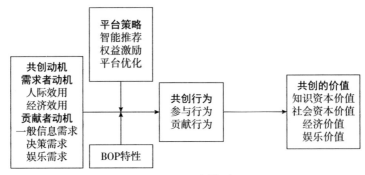

图 8-4 研究模型

（二）研究假设

1. 共创动机对共创行为的影响

平台用户受各种动机激励，促使其与平台共创价值。李朝辉（2013）发现，享乐需求、认知需求、个人整合需求等需求动机与行为之间的关系，各种动机正向影响行为。张丹凤（2018）探究了知识型平台信息需求、决策辅助、娱乐、人际效用、亲社会交流动机对用户的知识共享行为有不同程度的正向影响。这些研究对本书的开展提供了理论支撑。结合案例研究和理论知识，本书提出以下假设：

H1a：人际效用对用户参与水平具有显著正向影响。

H1b：人际效用对用户贡献水平具有显著正向影响。

H2a：经济效用对用户参与水平具有显著正向影响。

H2b：经济效用对用户贡献水平具有显著正向影响。

H3a：一般信息需求对用户参与水平具有显著正向影响。

H3b：一般信息需求对用户贡献水平具有显著正向影响。

H4a：决策需求对用户参与水平具有显著正向影响。

H4b：决策需求对用户贡献水平具有显著正向影响。

H5a：娱乐需求对用户参与水平具有显著正向影响。

H5b：娱乐需求对用户贡献水平具有显著正向影响。

2. 共创行为对价值的影响

知乎平台实现价值、各方参与者之间的共创活动可以看作知识资源的整合过程，因此本书以知识协同视角研究共创活动。以往很多学者均以实证方式验证了用户行为与实现价值之间的关系。申光龙（2016）探究出产品互动正向影响用户的社会体验价值、情感体验价值、功能体验价值。涂剑波（2017）探究并验证了用户–平台互动、用户–用户互动与价值之间的关系。关于价值共创行为与价值之间的关系研究，本书借鉴了陈建斌等（2014）的研究，从社会资本和知识资本的增值角度度量用户与平台知识协同、价值共创的效果。

因此，提出以下假设：

H6a：用户参与水平对知识资本价值具有显著正向影响。

H6b：用户参与水平对社会资本价值具有显著正向影响。

H6c：用户参与水平对经济价值具有显著正向影响。

H6d：用户参与水平对娱乐价值具有显著正向影响。

H7a：用户贡献水平对知识资本价值具有显著正向影响。

H7b：用户贡献水平对社会资本价值具有显著正向影响。

H7c：用户贡献水平对经济价值具有显著正向影响。

H7d：用户贡献水平对娱乐价值具有显著正向影响。

3. BOP 特性的调节作用

当下的互联网企业用户数量巨大，平台知识资源的创新与整合、平台与用户的价值共创不只是由"大 V""意见领袖"等小部分用户来实现的，还需要平台内大量的 BOP 用户的互动与协同。BOP 用户不只是被动的需求者和消费者，而是逐步主动成为平等参与市场的合作主体，创造潜能得到充分释放（尤成德，2021）。祝振铎等（2016）提出，BOP 群体会突破传统思维进行新创造，将产生各种有价值的新知识和信息，并不断进行深度对话和分享。BOP 用户的异质性知识、跟随性等特点对平台内用户的行为至关重要。

因此，研究提出以下假设：

H8：BOP 特性在用户动机与共创行为之间起正向调节作用。

4. 平台策略的调节作用

平台智能推荐通过技术和大数据手段，将可能合适的内容推荐给用户，用户可以看到自己关注的、未关注但潜在可能感兴趣的，回答自己擅长的，甚至用户会因为推荐内容感到新颖或者惊喜。当看到合适的内容时，对内容、对平台的认同感会增强，而当对感兴趣的内容产生不同观点时，就会激发用户思考、分享。知识提供的用户因为信息、知识被适合的用户浏览、赞同，也会获得满足感，促进其在平台内进行价值共创行为。

平台权益激励机制是指对平台用户进行各种奖励促进其产生互动行为，从而增强其粘性、活跃度。平台的物质、非物质的激励机制都会促进用户的知识共创（聂规划等，2006），不同类型的平台激励给用户带来物质甚至精神层次的益处，其会提高用户积极性，提高用户活跃度，提高用户的信任感、归属感，从而达到提升平台内容质量，促进用户持续知识共享和价值共创行为，进而使平台不断发展、提升。

平台优化策略是指丰富内容提高质量、加强知识与隐私保护、建立健全举报和查错机制。当平台拥有优质、丰富的内容时，使用者会倍感舒适，获取知识的时间、精力均会减少，也会更乐意互动、交流、分享，促进实施共创行为。并且只有当用户对平台及他人具有极大的信任感、自身拥有安全感，才会更愿意将自己的所知所得进行分享，此时就需要平台设置保障安全、隐私的机制促进用户进行共创价值行为。

因此，研究提出以下假设：

H9a：智能推荐在用户动机与共创行为之间起正向调节作用。

H9b：权益激励在用户动机与共创行为之间起正向调节作用。

H9c：平台优化在用户动机与共创行为之间起正向调节作用。

第九章　知识协同与价值共创实证分析

第一节　问卷设计与数据收集

通过第八章的案例分析得出变量间的联系并形成模型，但模型中的关键因素是什么、各个因素之间相互之间的作用效果、强度如何，需要数据来验证。因此，根据案例提炼出价值共创模型，用问卷形式验证相互关系及模型。本章从样本选择、数据收集和变量测量几个方面对实证研究进行分析。

一、样本选择与数据收集

调研问卷包括三部分内容：一是卷首语，在卷首语中说明此问卷仅用于本论文，以打消参与调查者的顾虑；二是问卷填写者基本情况；三是核心部分，衡量各个变量对价值共创机制的作用情况。问卷结合访谈与国内外成熟量表，完成初步的设计。

本研究的调查对象主要是知乎平台的用户。在确定了调查对象之后，研究以纸质问卷的形式先将初步设计的问卷发放至周围经常使用知乎的专家、教授及同学，约20份，由他们提出题项的修改意见，为了使调查问卷的题目设计合理，问题表述更贴近知乎的情况，具体内容见附录。

本研究的大规模正式调查于2020年11月进行，全程共有395人作答。为了控制并保证调查问卷数据质量，在约150人作答后，停止问卷的发放。预调研的问卷，剔除因非知乎用户而无法作答的、未完整交卷的作答，得到有效数据87组，剔除明显敷衍问卷1份，得到86组有效数据，对数据进行分析得出调查问卷信效度良好。因此，继续发放并回收问卷250份，前后共收集有效数据 246 组。

问卷所采集的样本特征具体如表 9-1 所示。

表 9-1　样本基本情况分析（N=246）

变量	类别	频数	百分比（%）
性别	男	121	49.2
	女	125	50.8
年龄	18 岁及以下	1	0.4
	19~25 岁	45	18.3
	26~30 岁	59	24.0
	31~40 岁	94	38.2
	40 岁以上	47	19.1
学历	高中	4	1.6
	中专技校	5	2.0
	大专	37	15.0
	本科	145	58.9
	硕士及以上	55	22.4
职业	企业从业人员	143	58.1
	个体经营者	11	4.5
	政府机关	10	4.1
	事业单位	36	14.6
	学术	28	11.4
	自由职业者	13	5.3
	其他	5	2.0
生活的地方	一线及新一线城市	163	66.3
	二、三线城市	60	24.4
	四、五线城市	23	9.3
使用知乎时间	小于 1 年	32	13.0
	1~3 年	112	45.5
	3~7 年	86	35.0
	7 年以上	16	6.5

续表

变量	类别	频数	百分比（%）
初次使用知乎的原因	被知乎邀请	9	3.7
	被知乎投放的广告吸引	19	7.7
	朋友推荐	76	30.9
	自己浏览发现	142	57.7
初次使用知乎的动机	信息	224	91.1
	娱乐	82	33.3
	社交	88	35.8
	经济	43	17.5
	利他	16	6.5
	声誉	15	6.1

通过表9-1可知，知乎用户从参与调查的性别上来看，知乎男性、女性用户占比分别为49.2%、50.8%，占比基本持平。从年龄上来看，31~40岁用户占比38.2%，人数最多，其次是占比24%的26~30岁用户。从学历上来看，拥有本科学历用户数量最多，占比为58.9%，硕士及以上学历用户占比22.4%，占比第二多。从职业上来看，企业从业人员用户人数最多，占比为58.1%，其次为事业单位的用户，占比为14.6%。从参与调查的用户生活的地方上来看，一线及新一线城市人数最多，占比为66.3%，其次为二、三线城市的人数，占比为24.4%。从使用知乎时间上来看，使用知乎时间为1~3年的人数最多，占比为45.5%，其次为使用知乎时间为3~7年的人数，占比为35.0%。从初次使用知乎的原因上来看，自己浏览发现的人数最多，占比为57.7%，其次为朋友推荐，占比为30.9%。从初次使用知乎的动机上来看，初次使用知乎的动机为信息的频次最高，占比为91.1%，其次为社交，占比为35.8%，第三位为娱乐，占比为33.3%。

二、变量测量

本研究根据访谈、知乎现状及国内外成熟量表，对变量的测量形成具体的题项内容。本问卷中核心内容题项采用李克特5标度打分法。测量量表形成过程及情况如下所示。

（一）BOP 特性的测量

在文献综述中也说明了很多学者的以往研究注重于意见领袖特征、领先用户特征的研究，而关于 BOP 用户的研究较少，因此目前没有找到适用的量表，本章通过总结这些意见领袖、领先用户特征的相对面，结合邢小强学者关于 BOP 相关研究成果，共 5 个题项来测量用户 BOP 特性，具体的题项内容见附录。

（二）关于平台策略的测量

平台策略影响平台的发展，在本研究中，知乎的平台策略包含智能推荐、权益激励和平台优化三个方面。智能推荐题项改编来自甘子美（2020）的研究成果，共 14 个题项来测；权益激励题项改编来自范宇峰（2013）的研究成果，共 3 个题项来测；平台优化题项改编来自邓胜利（2009）的研究成果，共 5 个题项来测；具体的题项内容见附录。

（三）关于共创动机的测量

共创动机已有成熟量表。人际动机、经济动机、娱乐动机借鉴李朝辉（2013）的研究成果，一般信息需求动机、决策动机借鉴万晴晴（2015）的研究成果，共 15 个题项来测；具体的题项内容见附录。

（四）关于共创行为的测量

共创行为是对用户在知识平台参与的过程中，从智力、精神、情绪等方面投入知识、进行知识协同的过程。在本研究中，参考周莹莹等（2019）研究成果形成具体的量表，包含 11 个题项，具体的题项内容见附录。

（五）关于价值的测量

知识型平台价值共创的过程是知识资源整合的过程，即知识协同的过程。借鉴陈建斌等（2014）的研究中对知识协同通过知识资本增值和社会资本增值两方面的测量，本研究通过知识资本价值和社会资本价值对知乎平台的价值进行测量，同时结合案例分析中的经济价值和娱乐价值，共四个维度 22 个题项。

第二节 数据分析

一、信效度检验

（一）信度检验

本节通过克朗巴哈系数（Cronbach's α）对问卷数据进行信度分析，Cronbach's α（大于0小于1）是以量表之间的相关系数的大小来检验问卷的可信程度，系数小于0.3、0.3~0.6、0.6~0.9、0.9~1分别表示问卷不可信、一般可信、比较可信、非常可信。

采用SPSS 26.0软件对共创动机、共创行为、价值共创结果、BOP特性、平台策略的量表数据进行信度分析，结果如表9-2所示。

表9-2 信度分析结果

量表	题项	Cronbach's α
共创动机	15	0.865
人际效用	4	0.811
经济效用	3	0.753
一般信息需求	3	0.632
决策需求	2	0.609
娱乐需求	3	0.618
共创行为	11	0.900
参与行为	5	0.792
贡献行为	6	0.835
价值共创结果	22	0.937
知识资本价值	8	0.877
社会资本价值	8	0.854
经济价值	3	0.729
娱乐价值	3	0.770

量表	题项	Cronbach's α
BOP 特性	5	0.603
平台策略	22	0.939
智能推荐	14	0.914
权益激励	4	0.827
平台优化	4	0.763

从表 9-2 可知：共创动机量表信度系数值为 0.865、0.811、0.753、0.632、0.609、0.618，均大于 0.6；共创行为量表信度系数值为 0.900、0.792、0.835，均大于 0.6；价值共创结果量表信度系数值为 0.937、0.877、0.854、0.729、0.770，均大于 0.6；BOP 特性量表信度系数值为 0.603，大于 0.6；平台策略量表信度系数值为 0.939、0.914、0.827、0.763，均大于 0.6；可以看出量表的 Cronbach's α 均大于 0.6，问卷数据可信。

（二）效度检验

效度是指通过某一手段或某一工具测量得出的结果反映想要测量事物的准确程度。本节问卷量表的效度分析是通过聚敛效度和区别效度进行的，结果如表 9-3 所示。

表 9-3　效度分析

变量	维度	标准化因素负荷	CR	AVE
共创动机	人际效用	0.94	0.81	0.69
	经济效用	0.73		
	一般信息需求	0.61		
	决策需求	0.64		
	娱乐需求	0.69		
共创行为	参与行为	0.76	0.85	0.68
	贡献行为	0.82		

续表

变量	维度	标准化因素负荷	CR	AVE
价值共创结果	知识资本价值	0.83	0.87	0.74
	社会资本价值	0.79		
	经济价值	0.89		
	娱乐价值	0.86		
BOP 特性	BOP 特性	0.81	0.86	0.68
平台策略	智能推荐	0.87	0.90	0.75
	权益激励	0.82		
	平台优化	0.83		

共创活动的五个因子、共创行为的两个因子、价值共创结果的四个因子、BOP 特性、平台策略的三个因子的标准化因素载荷均远远超过最低限度 0.5，并且所有题项的标准化因素载荷也大于 0.5。共创动机、共创行为、价值结果、BOP 特性、平台策略的 AVE 值均在 0.5 之上，说明量表有较好的聚敛效度。

二、描述性统计及相关性分析

对共创动机、共创行为、价值共创结果、BOP 特性、平台策略变量进行描述性统计及变量之间的相关性进行分析。对各维度下题目计算平均得分，得分越高说明同意程度越高。其中，非常不同意 = 1 分，不同意 = 2 分，一般 = 3 分，同意 = 4 分，非常同意 = 5 分。

通过表 9-4 可知 BOP 特性、平台策略、共创动机、共创行为、价值共创结果各维度的均值、标准差等情况。在平台策略量表中，平台优化均值最高，权益激励均值最低。在用户作为需求者的动机量表中，决策需求均值最高，娱乐需求均值最低。在价值共创结果量表中，知识资本价值均值最高，社会资本价值均值最低。

表 9-4　基本描述统计

变量	N	最小值	最大值	均值	标准差
D BOP 特性	246	1.20	4.80	3.04	0.64

续表

变量	N	最小值	最大值	均值	标准差
E1 智能推荐	246	1.79	5.00	3.82	0.59
E2 权益激励	246	1.00	5.00	3.59	0.79
E3 平台优化	246	2.00	5.00	3.83	0.60
A11 人际效用	246	1.50	5.00	3.46	0.81
A12 经济效用	246	1.00	5.00	3.03	0.87
A21 一般信息需求	246	2.33	5.00	4.05	0.54
A22 决策需求	246	1.50	5.00	4.10	0.65
A23 娱乐需求	246	1.00	5.00	3.56	0.65
B1 用户参与水平	246	1.20	5.00	3.57	0.71
B2 用户贡献水平	246	1.17	5.00	3.33	0.77
C1 知识资本价值	246	2.00	5.00	3.93	0.60
C2 社会资本价值	246	1.25	5.00	3.66	0.69
C3 经济价值	246	2.00	5.00	3.74	0.60
C4 娱乐价值	246	1.00	5.00	3.64	0.78

下面采用 Pearson 相关性分析方法，进行维度间相关性分析，结果如表 9-5 所示。

由表 9-5 可知，BOP 特性与共创行为（用户参与水平、用户贡献水平）之间均呈现显著正相关关系（显著性 $p<0.05$，相关系数 r 均大于 0）。平台策略（智能推荐、权益激励、平台优化）与共创行为（用户参与水平、用户贡献水平）之间均呈现显著正相关关系（显著性 $p<0.05$，相关系数 r 均大于 0）。共创动机（人际效用、经济效用、一般信息需求、决策需求、娱乐需求）与共创行为（用户参与水平、用户贡献水平）之间均呈现显著正相关关系（显著性 $p<0.05$，相关系数 r 均大于 0）。共创行为（用户参与水平、用户贡献水平）与价值共创结果（知识资本价值、社会资本价值、经济价值、娱乐价值）之间均呈现显著正相关关系（显著性 $p<0.05$，相关系数 r 均大于 0）。通过 Pearson 相关性分析，初步验证了假设的成立。

表9-5 Pearson 相关性分析

维度	D	E1	E2	E3	A11	A12	A21	A22	A23	B1	B2	C1	C2	C3	C4
D BOP 特性	1														
E1 智能推荐	0.523**	1													
E2 权益激励	0.567**	0.744**	1												
E3 平台优化	0.344**	0.748**	0.596**	1											
A11 人际效用	0.640**	0.699**	0.729**	0.574**	1										
A12 经济效用	0.543**	0.474**	0.596**	0.387**	0.680**	1									
A21 一般信息需求	0.338**	0.602**	0.526**	0.605**	0.483**	0.328**	1								
A22 决策需求	0.324**	0.623**	0.493**	0.567**	0.486**	0.237**	0.660**	1							
A23 娱乐需求	0.227**	0.493**	0.407**	0.452**	0.455**	0.363**	0.435**	0.370**	1						
B1 用户参与水平	0.579**	0.712**	0.719**	0.599**	0.742**	0.598**	0.594**	0.541**	0.552**	1					
B2 用户贡献水平	0.639**	0.669**	0.767**	0.549**	0.753**	0.660**	0.484**	0.443**	0.463**	0.824**	1				
C1 知识资本价值	0.475**	0.742**	0.673**	0.694**	0.662**	0.463**	0.609**	0.614**	0.493**	0.665**	0.656**	1			
C2 社会资本价值	0.510**	0.735**	0.728**	0.656**	0.709**	0.569**	0.489**	0.509**	0.457**	0.731**	0.757**	0.750**	1		
C3 经济价值	0.456**	0.769**	0.670**	0.742**	0.649**	0.507**	0.595**	0.565**	0.467**	0.678**	0.650**	0.784**	0.764**	1	
C4 娱乐价值	0.415**	0.683**	0.510**	0.583**	0.526**	0.423**	0.495**	0.472**	0.583**	0.597**	0.574**	0.574**	0.599**	0.616**	1

注：** 表示 $p<0.01$，* 表示 $p<0.05$，下同。

三、回归分析

（一）知识协同行为影响因素回归分析

分别以共创行为两个维度（用户参与水平、用户贡献水平）为因变量，以人际效用、经济效用、一般信息需求、决策需求、娱乐需求为自变量，建立多元线性回归模型，结果如表9-6所示。

表9-6 知识协同行为影响因素回归分析

变量	用户参与水平（模型1）		用户贡献水平（模型2）	
	β	t	β	t
人际效用	0.175	3.417**	0.446	7.311**
经济效用	0.192	3.684**	0.276	5.096**
一般信息需求	0.39	6.747**	0.095	1.722
决策需求	0.115	2.228*	0.063	1.159
娱乐需求	0.185	4.256**	0.095	2.08*
R^2	0.673		0.636	
F	98.647**		83.792**	

由表9-6可知，回归模型1、模型2拟合优度系数R^2分别为0.673、0.636，表明模型1、2的拟合程度比较好。模型1、2的F检验p值均小于0.05，由此可知自变量对因变量有显著影响。

在模型1中，人际效用、经济效用、一般信息需求、决策需求、娱乐需求回归系数显著性p均小于0.05，且回归系数β均大于0，表明人际效用、经济效用、一般信息需求、决策需求、娱乐需求对用户参与水平具有显著正向影响，H1a、H2a、H3a、H4a、H5a成立。

在模型2中，人际效用、经济效用、娱乐需求回归系数显著性p值均小于0.05，且回归系数β均大于0，表明人际效用、经济效用、娱乐需求对用户贡献水平具有显著正向影响，H1b、H2b、H5b成立。一般信息需求、决策需求回归系数显著性p值均大于0.05，表明一般信息需求、决策需求对用户贡献水平无显著影响，H3b、H4b不成立。

（二）价值共创结果影响因素回归分析

分别以价值共创结果四个维度（知识资本价值、社会资本价值、经济价值、娱乐价值）为因变量，以用户参与水平、用户贡献水平为自变量，建立多元线性回归模型，结果如表9-7所示。

表9-7 价值共创结果影响因素回归分析

变量	知识资本价值（模型3）		社会资本价值（模型4）		经济价值（模型5）		娱乐价值（模型6）	
	β	t	β	t	β	t	β	t
用户参与水平	0.389	4.761**	0.335	4.728**	0.446	5.490**	0.387	4.337**
用户贡献水平	0.335	4.104**	0.481	6.804**	0.282	3.479**	0.255	2.860**
R^2	0.479		0.609		0.486		0.378	
F	111.587**		189.340**		114.723**		73.812**	

由表9-7可知，回归模型3、4、5、6拟合优度系数 R^2 分别为0.479、0.609、0.486、0.378，拟合效果比较好；F检验显著性p值都小于0.05，表明列入模型的自变量对因变量有显著影响。

在模型3中，用户参与水平、用户贡献水平回归系数显著性p值均小于0.05，且回归系数β均大于0，表明用户参与水平、用户贡献水平对知识资本价值具有显著正向影响，H6a、H7a成立。

在模型4中，用户参与水平、用户贡献水平回归系数显著性p值均小于0.05，且回归系数β均大于0，表明用户参与水平、用户贡献水平对社会资本价值具有显著正向影响，H6b、H7b成立。

在模型5中，用户参与水平、用户贡献水平回归系数显著性p值均小于0.05，且回归系数β均大于0，表明用户参与水平、用户贡献水平对经济价值具有显著正向影响，H6c、H7c成立。

在模型6中，用户参与水平、用户贡献水平回归系数显著性p值均小于0.05，且回归系数β均大于0，表明用户参与水平、用户贡献水平对娱乐价值具有显著正向影响，H6d、H7d成立。

四、调节作用

（一）BOP 特性调节作用分析

采用多元线性回归模型检验 BOP 特性的调节效应，检验步骤有以下三个：①将共创动机放入回归方程；②将共创动机、BOP 特性同时引入回归方程；③将共创动机与 BOP 特性的交互项放入回归方程，考察交互项系数，结果如表 9-8 所示。

表 9-8　BOP 特性调节作用检验结果

亮量	共创行为（模型 7）		共创行为（模型 8）		共创行为（模型 9）	
	β	t	β	t	β	t
Z 共创动机	0.836	23.836**	0.710	16.835**	0.708	16.781**
Z BOP 特性			0.208	4.942**	0.210	4.973**
Z 共创动机×Z BOP 特性					0.082	2.937*
R²	0.700		0.721		0.728	
F	568.156**		323.560**		215.887**	

注：Z 表示中心化后变量，下同。

由表 9-8 可知，模型 7 共创动机对共创行为的正向影响显著（$\beta = 0.836$，$p < 0.05$）；模型 8 将 BOP 特性放入回归方程后，共创动机对共创行为的正向影响作用下降（$\beta = 0.710$）；模型 9 将共创动机与 BOP 特性的交互项放入回归方程后，其交互项系数显著（$p < 0.05$），H8 成立。即 BOP 特性在用户动机与知识协同行为之间存在调节作用。自变量对因变量影响是正向的，交互项对因变量影响是正向的，所以是正向调节作用。

（二）平台策略调节作用分析

1. 智能推荐调节作用分析

采用多元线性回归模型检验智能推荐的调节效应，检验步骤有以下三个：①将共创动机放入回归方程；②将共创动机、智能推荐同时引入回归方程；

③将共创动机与智能推荐的交互项放入回归方程，考察交互项系数，结果如表9-9所示。

表9-9　智能推荐调节作用检验结果

变量	共创行为（模型10）		共创行为（模型11）	
	β	t	β	t
Z共创动机	0.677	13.071 **	0.654	12.416 **
Z智能推荐	0.211	4.081 **	0.238	4.481 **
Z共创动机×Z智能推荐			0.070	2.007 *
R²	0.719		0.723	
F	310.629 **		211.009 **	

由表9-9可知，模型10将智能推荐放入回归方程后，共创动机对共创行为的正向影响作用下降（β=0.677）；模型11将共创动机与智能推荐的交互项放入回归方程后，其交互项系数显著（p<0.05），H9a成立。即智能推荐正向调节共创动机对共创行为的影响。

2. 权益激励调节作用分析

采用多元线性回归模型检验权益激励的调节效应，检验步骤有以下三个：①将共创动机放入回归方程；②将共创动机、权益激励同时引入回归方程；③将共创动机与权益激励的交互项放入回归方程，考察交互项系数，结果如表9-10所示。

表9-10　权益激励调节作用检验结果

变量	共创行为（模型12）		共创行为（模型13）	
	β	t	β	t
Z共创动机	0.578	11.715 **	0.553	10.960 **
Z权益激励	0.341	6.904 **	0.374	7.234 **
Z共创动机×Z权益激励			0.068	2.031 *
R²	0.749		0.750	
F	362.250 **		245.979 **	

由表9-10可知，模型12将权益激励放入回归方程后，共创动机对共创行

为的正向影响作用下降（β=0.578）；模型 13 将共创动机与权益激励的交互项放入回归方程后，其交互项系数显著（p<0.05），H9b 成立。即权益激励正向调节共创动机对共创行为的影响。

3. 平台优化调节作用分析

采用多元线性回归模型检验平台优化的调节效应，检验步骤有以下三个：①将共创动机放入回归方程；②将共创动机、平台优化同时引入回归方程；③将共创动机与平台优化的交互项放入回归方程，考察交互项系数，结果如表9-11所示。

表9-11　平台优化调节作用检验结果

变量	共创行为（模型 14）		共创行为（模型 15）	
	β	t	β	t
Z 用户动机	0.778	16.815 **	0.763	16.475 **
Z 平台优化	0.089	1.923	0.106	2.282 *
Z 用户动机×Z 平台优化			0.079	2.256 *
R^2	0.704		0.710	
F	289.069 **		197.652 **	

由表9-11可知，模型 14 将平台优化放入回归方程后，用户动机对共创行为的正向影响作用下降（β=0.778）；模型 15 将用户动机与平台优化的交互项放入回归方程后，其交互项系数显著（p<0.05），H9c 成立。即平台优化正向调节共创动机对共创行为的影响。

第三节　研究结论与展望

诸多学者认为平台是各方共创价值的基础与源泉，本研究发现较少有学者基于知识协同视角对平台价值共创相关者的动机、行为、结果进行深入探索。本节对这一方向进行了实证研究，假设验证分为四部分：共创动机对行为的影响，共创行为对价值的影响，BOP 特性在共创动机与共创行为间的调节作用，平台策略在共创动机与共创行为间的调节作用。研究既丰富了价值共创相关的理论方面成果，又为平台企业提出相关管理建议。

一、实证结果总结

本节以"知乎"为例进行了价值共创的机制分析，结合文献回顾、案例分析提出理论模型，根据模型共提出 22 个假设，未通过的有 2 个，即一般信息需求和决策需求对用户贡献水平没有显著正向影响。现将实证研究的结果汇总在表 9-12 中。

表 9-12　假设验证结果总结

假设	结论
H1a：人际效用对用户参与水平具有显著正向影响	支持
H1b：人际效用对用户贡献水平具有显著正向影响	支持
H2a：经济效用对用户参与水平具有显著正向影响	支持
H2b：经济效用对用户贡献水平具有显著正向影响	支持
H3a：一般信息需求对用户参与水平具有显著正向影响	支持
H3b：一般信息需求对用户贡献水平具有显著正向影响	不支持
H4a：决策需求对用户参与水平具有显著正向影响	支持
H4b：决策需求对用户贡献水平具有显著正向影响	不支持
H5a：娱乐需求对用户参与水平具有显著正向影响	支持
H5b：娱乐需求对用户贡献水平具有显著正向影响	支持
H6a：用户参与水平对知识资本价值具有显著正向影响	支持
H6b：用户参与水平对社会资本价值具有显著正向影响	支持
H6c：用户参与水平对经济价值具有显著正向影响	支持
H6d：用户参与水平对娱乐价值具有显著正向影响	支持
H7a：用户贡献水平对知识资本价值具有显著正向影响	支持
H7b：用户贡献水平对社会资本价值具有显著正向影响	支持
H7c：用户贡献水平对经济价值具有显著正向影响	支持
H7d：用户贡献水平对娱乐价值具有显著正向影响	支持
H8：BOP 特性在用户动机与共创行为之间起正向调节作用	支持

续表

假设	结论
H9a：智能推荐在用户动机与共创行为之间起正向调节作用	支持
H9b：权益激励在用户动机与共创行为之间起正向调节作用	支持
H9c：平台优化在用户动机与共创行为之间起正向调节作用	支持

二、结果讨论

（1）用户可以以知识需求者或知识贡献者身份参与平台价值共创，但存在着不同的动机和需求。本章发现，知识贡献者的动机主要有人际效用、经济效用，知识寻求者的动机有一般信息需求、决策需求和娱乐需求。

根据实证结果分析，用户五种动机均对用户参与水平有显著的正向影响；用户人际效用、经济效用和娱乐需求对用户贡献水平有显著的正向影响，但一般信息需求和决策需求不会对其贡献水平有显著影响。用户在浏览自己感兴趣的信息、知识时，会做出点赞、收藏等行为，因此，一般信息需求对用户参与水平的正向影响最大。而对于用户贡献水平来说，他提出或回答问题、表达内心想法，更多的是希望被人赞同、被人关注，因此人际效用在用户贡献水平的动机因素中是影响最大的。在用户分享知识时，更多的是寻求关注、经济收益、内心的愉悦，对于信息和决策的需求不高，因此一般信息需求和决策需求对用户贡献水平没有显著影响。

（2）用户参与水平与用户贡献水平都会对知识资本价值、社会资本价值、经济价值、娱乐价值产生正向影响。

本章基于已有研究认为知识型平台价值共创是从动机到行为到结果的一个过程。研究从知识协同的角度描述共创活动，将共创活动划分为用户参与水平和用户贡献水平，结合平台特点和已有的关于知识协同结果的研究，将共创的价值用知识资本价值、社会资本价值、娱乐价值、经济价值表示。

用户参与水平是指用户在知乎中赞同、喜欢、收藏、推荐等没有文字性的内容输出，但是会与平台、与平台内其他用户进行互动的行为，这个过程中会包含显性知识内化、知识的传播等，会对整个平台的知识流动、知识转移、知识资源的整合产生影响。

用户贡献水平是指用户在知乎内回答问题、提出问题、创作等有实质性内容输出的行为，这类行为可以分享知识、传递知识，促进平台内的知识创新，营造良好的平台文化氛围。

根据实证结果分析，用户参与水平与用户贡献水平都会对知识资本价值、社会资本价值、经济价值、娱乐价值产生正向影响，用户的不同程度的参与行为会不断增加、更新自身和平台的知识资源，增加用户之间、用户与平台、用户与外部机构、平台与外部机构之间的社会联系，用户会获得物质或者非物质的收益，而平台在获得经济收益的同时，会增强用户粘性、带来品牌效益等价值。

（3）在知识平台中，BOP特性在用户共创动机影响共创行为的过程中起调节作用。知乎从邀请制到面向公众开放注册，用户群体呈指数增长，用户群体的扩大就无法保障用户质量，但用户质量不能仅依靠传统意义上用户学历的高低、拥有知识的深度等方面来衡量，因为用户参与知识资源的整合、价值创造的形式是多种多样的。用户的表达和分享，提供了社区的共同知识资产，对于平台的知识创新很有价值，底层用户拥有大量的异质性知识资源，他们在回答问题时有时会提出不一样的思路和视角。在一些问题的回答下面，会有专业人士全面的解答，但也不乏有很多粉丝很少的、不是很出名的人的见解很新奇，会从很多不同的角度分析问题，为平台内容组织结构的形成和内容生产贡献自己的力量。因此，用户的BOP特性，虽然有别于大V用户、意见领袖那样引领话题、在某一领域具有深度的研究，但新的技术应用正在改变以往限制BOP用户参与价值创造的情况。他们的自身特性，就可促进平台内的在线行为参与到知识资源整合的过程中，在动机到行为的过程中起正向调节作用，而对平台和自身产生价值。

（4）在知识平台中，除了BOP特性会对共创动机影响共创行为的过程产生正向调节作用之外，平台策略在用户共创动机影响共创行为的过程中还起调节作用，如智能推荐、权益激励、平台优化。智能推荐可以让用户在平台内关注到适合自己的内容，推荐准确、内容多样，会让用户感到内容新颖甚至是惊喜；权益激励让用户关注到自己的创作水平数据、积分奖励、等级升高及权利范围的增加；平台通过引入优质资源、设置完善的知识、数据安全保障机制，优化平台内容。这些举措都有利于用户动机到行为的转化，促进知识资源在良好平台氛围内的创新、传递、吸收，从而促进价值共创。

三、管理启示

研究从知识协同视角出发，给知识型平台价值共创过程带来一定的管理启示，具体如下：

（1）要为平台由用户动机转化为行为从而共创价值的协同过程营造良好氛围。用户从动机到行为到共创价值的过程，整合平台的知识资源，在用户参与行为与用户贡献行为中，显性知识容易表达与接受，但很多隐性知识不易分享与吸收，这就需要平台在价值共创过程中，创造有益的组织环境条件，营造良好、自主的共创氛围，为价值共创的实现创造情景条件。

（2）认识到 BOP 人群在数字化信息时代平台企业中的重要作用。突破原有仅关注"核心用户""大 V"用户资源的局限，将视角拓展到整个平台生态系统中，推动不同价值共创主体之间的衔接互动和资源整合，实现资源互补的格局。用户数量的增多带来一定的问题，但也并不仅只是带来问题。根据他们跟随性、关注内容广泛等行为特征，利用大数据技术获取大样本的用户数据资源，从而预测整体的市场趋势。适当条件下充分利用"异质性人群""异质性知识"的协同创新，从而强化企业在平台商业系统内的主导地位，实现规模效应和创新优势。

（3）构建共享平等的合作关系，创造新颖、多元、适应平台发展的平台策略。在知识型平台，平台策略通过资源供给、技术支持、知识共享、过程互动、服务创新等途径促进其价值共创过程，帮助企业识别机遇和创造竞争优势。为有效促进平台策略对价值共创的转化作用，平台应致力于与平台系统内的经济参与者构建共享平等的合作关系。此外，应不断创新各类知识保障、知识转化制度和机制设计，在平台生态系统内营造平等合作的关系，形成收益共享和风险共担的协调格局。在全面的资源互补和完善的制度架构设计中依据完善的平台策略机制促进向价值共创的转化，实现企业的快速成长。

第十章　知识协同的赋能与激励机制

第一节　社会-技术视角的平台赋能

互联网时代，集"知识共享"与"网络社交"功能于一身的知识平台应运而生。随着开放注册和流量导入，平台用户规模迅速膨胀，用户群体呈现明显的长尾结构，大众知识生产时代来临（林正奎，2019）。巨大的信息容量和随时随意的插入、编辑，大大增加了信息数量与混乱程度，改变了传统在线交流方式（裘江南等，2018），知识平台运营面临着复杂局面。正如本书第一章的引例中提到的，悟空问答独立运营不足四年就退出了市场。我们不禁要问：同样是问答平台，为什么优质创作者更喜欢知乎？除了流量和资本以外，打造平台生态应该怎么做？

在大量关注平台生态和价值共创的研究中（Parker & Alstyne，2005；Plé & Cáceres，2010；钟琦等，2020），"赋能"作为共创价值的重要来源受到广泛关注（孔海东等，2019）。但作为一个新兴研究命题，平台赋能的讨论目前还主要是现象描述、概念界定和效果评述（朱勤等，2019），多把平台作为一个中介连接点、生态核心节点，缺少基于平台个性化、差异化的内部微观机制剖析（任天浩和朱多刚，2020）。从社会-技术的视角来看，知识平台是用户行为可能性与需求在社交媒体和组织环境中聚合的关系集合（Rice & Evans，2017），其价值并不仅仅由数字技术创造，而是由使用者、技术以及使用目的之间的相互作用共同创造（Ghazawneh & Henfridsson，2015）。平台定位和组织特性决定了它的用户赋能方式（苏婉等，2020）和社会化资源的搜寻与聚合方式（任天浩和朱多刚，2020）。而平台系统①（包含平台架构、互动规则、交易及价值分享机制等）是平台定位和组织特性的技术实现（石声萍等，2020），具有高度的资产专用性（何晓，2020），在平台生态中具有主导地位（Scholten et al.，2012），因此直接决定着用户体验和赋能效果。宋文墨和毛基业（2006）早已指出，互联网平台系统在科技上的差异化最终会被模仿，只有随客户需求不断深化的组织差异化才会保持领先。多变环境下互联网企业的生存与竞争障碍往往来自于组织内部，而非一些研究认为的组织外部。在后一观点引导下，许多企业努力找流量、找市场、找融资，忽略了更好调整运营模式以创造组织价值（石声萍等，2020）。表面上，数字化平台系统具有一定的可模仿性，实际上其背后的价值定位、用户社群、核心能力等都具有生态演化性和不可复制性，既不是唯资本力量可以解决，也不是短时间内可以超越。但目前在平台赋能研究中尚未关注到这一点，造成"平台黑箱"。

因此，面对大众化知识生产需要破解赋能机制的平台"黑箱"，需要在考虑组织特性的基础上，从核心功能、交互界面和交互规则等维度研究平台与用户的互动关系，实现技术赋能与授权赋能的融合，丰富和充实平台赋能机制的理论体系，实现理论创新。

第二节 平台可供性是平台赋能的微观机制

早期源于西方心理学和管理学领域的"授权赋能"有三个关键维度：结构赋能、心理赋能和资源赋能（Carmen et al.，2015）。近期"技术赋能"（孔海东，2019）、平台赋能、数据赋能、数字化赋能广受关注（Makine，2006；孙新波等，2020）。技术赋能则带有明显的数字信息技术"印迹"（Hasler & Chenal，2017；胡海波等，2018），并且基于数字技术赋能的实践探索已走在了理论建构之前（陈春花，2018）。

多数研究关注技术赋能与授权赋能的区别，仅有少量文献关注两者之间的对话和融合。孔海东（2019）在溯源授权赋能和技术赋能的基础上分析了数字

---

① 为论述方便，本书以"平台"泛指平台企业或平台组织，强调组织角色；以"平台系统"特指数字化软件系统，强调产品角色。

时代价值共创中赋能的核心要素；孙新波（2020）指出，数据赋能是资源赋能的一种。平台系统背后是一整套功能、技术、知识、规则，是组织特性的技术实现（石声萍等，2020），平台赋能是授权赋能和技术赋能的综合，直接决定着人机交互质量。梅景瑶等（2021）指出，数字平台架构设计的模块性、分层性和平台边界资源动态性是互补者创新的赋能机理。可以看出，平台从基础架构设计开始，就要考虑如何赋能用户，更何况平台功能、界面和互动规则呢？因此，平台赋能的微观机理必须深入社会–技术层面加以讨论。

平台系统在数字世界里构成了平台的核心功能、交互界面和交互规则（Tiwana et al.，2010）。其中，核心功能表达了平台价值主张，交互界面是用户关系的集合，交互规则体现了连接、互动的算法和指令。而算法也是企业价值观、价值链和行为准则的集中体现（浮婷，2020）。可见，平台系统内嵌了一定的组织机制，并处于用户交互前端，是平台赋能的功能载体。那么，如何通过平台系统实现赋能用户呢？可供性概念为此提供了理论支撑。

可供性（Affordance）最初是指客观事物对某种行为所能提供的支持，即事物提供某种行为的可能性（Gibson，1986），近几年在组织研究中愈受欢迎，可用于更好地理解新技术和组织特性的组合对组织创新和运作的影响（Majchrzak & Faraj，2013）。"可供性"不仅为研究组织中技术和人员共同构成的关系提供了强有力的理论视角，而且也为特定实践的结构化和模式化描述提供了一种更好的语言（Fayard & Weeks，2014）。

社交平台可供性对组织沟通过程、员工和用户行为以及心理具有重要影响，因而成为重要的研究对象。Postigo（2016）以社会–技术互动视角分析了You Tube如何通过平台架构设计引导用户做出有利于平台商业利益的行为。Rice 和 Evans（2017）将社交平台可供性定义为在社交平台潜在的特性/功能约束下，用户感知到的行为可能性与需求（或目的）在社交媒体和组织环境中聚合的关系。可见，平台可供性代表了用户需求与技术特性的集成，可供性的强弱意味着在多大程度上能够帮助用户实现心理目标。例如，传统的网站是单向的信息发布，知识平台设置了用户可编辑、可发布的功能与权限，实际上从制度安排上使普通的内容浏览者转化为内容生产者，就是一种传统意义上的结构赋能。推而广之，知识平台通过具体的技术特性与用户心理需求的结合，形成了平台的功能可供性，赋予了用户实现某种社会化行动的能力。这正是平台赋能的具体实现机理。

第三节 平台可供性是组织特性与
客户需求的综合反映

知识平台不仅是多边市场的中介，也是具有不同价值主张和市场定位、不同资源禀赋的异质性生产组织，具有"生产性"（召集和赋能社会化生产者）和"知识性"（提供行业专用知识和专有资源），在赋能机制中富有独特性、决定性。可供性理论基于社会-技术视角，能够更好地展示互联网技术、用户需求和组织特性之间的互动关系，更好地理解可供性指导下的创新运营。通过研究用户与平台互动的微观机制，能够揭示通过知识平台可供性赋能用户所必需的关键要素和制度安排，为平台价值实现提供有益的理论指导。

知识平台在支持知识寻求者与贡献者交流的过程中积聚了两类知识资源："关于用户的知识"和"用户生产的知识"。前者即关于用户的个体属性、社交网络、行为方式等的知识，通过数字化互动在平台积累，据此推动了协作工具、用户画像和精准推荐等的演进，最终体现在平台功能、界面和规则中，形成平台社会可供性（Karahanna et al.，2018；孙元等，2019）；后者即用户贡献出来的、共同完成的知识生产成果，成为平台积累下来的战略资源，表现为平台知识可供性（石声萍等，2020）（见表10-1）。

表 10-1　知识平台可供性概念体系

知识平台可供性概念体系		平台要件
平台可供性	社会可供性	平台功能
		交互界面
		交互规则
	知识可供性	平台资源

互联网情境下，企业组织特性决定了平台系统的功能、界面和规则，通过赋予用户参与和控制平台事务的权力，促进用户参与价值创造。本书将组织特性分解为平台定位（使命与价值主张）、资源禀赋、竞争策略等维度，可以进行组织特性与平台系统的匹配研究，导出社会可供性（见表10-2）。

表 10-2　平台系统-组织特性匹配性分析示意

例：悟空问答 平台系统-组织机制匹配性			组织特性		
			价值定位	资源禀赋	竞争策略
			今日头条的协同创作工具（内部对标知乎，希望聚集高知用户，获得新流量）	下沉市场用户为主算法逻辑	优先获取优质创作者
平台系统	核心功能	提问，回答，阅读，评论，点赞……	实现社会可供性		
	交互界面	模仿知乎和 Quora 模式搭建最初架构……	实现社会可供性		
	交互规则	信息流分发……	实现社会可供性		
	激励手段	高薪签约知乎大 V……			

参考 Karahanna 等（2018）的研究，结合中国情境下知识平台行业特征和商业化趋势，考虑是否与平台签约、知识贡献/寻求者等身份差异性，确定大众群体参与知识平台互动的心理需求、平台社会可供性和平台技术特性，并进行关联性研究（见表 10-3、表 10-4）。

表 10-3　心理需求与社会可供性的对应关系研究

社会可供性		用户需求						
		S-NEEDS					O-NEEDS	
		A	C	HP	CK	MC	ES	R
自我中心（Egocentric）	Self-presentation	√		√		√	√	√
	Conten Sharing	√		√		√	√	
	Interactivity	√		√				
利他中心（Allocentric）	Presence Signaling							√
	Relationship Formation	√					√	√
	Group Management		√					√
	Browsing Others' Content	√			√			√
	Meta-voicing		√		√		√	√
	Communication						√	√
	Collaboration		√		√			√
	Competition		√		√			
	Sourcing	√	√					

注：A＝autonomy；C＝competence；HP＝having a place；CK＝coming to know the self；MC＝maintaining continuity of self-identity；ES＝expressing self-identity；R＝relatedness

表 10-4　社会可供性与技术特性的对应关系研究

平台示例	技术特性	社会可供性											
		1	2	3	4	5	6	7	8	9	10	11	12
知乎	Adding，deleting，editing content										√		
	Article discussion page		√								√		
	Browsing							√					
	History pages										√		
	Page protection										√		
	User blocking		√								√		
	User talk page									√			
	Village pump						√				√		
	Voting features						√		√		√		
	Watchlist										√		

注：1~12 表示 Self-presentation，Conten Sharing，Interactivity，Presence Signaling，Relationship Formation，Group Management，Browsing Others' Content，Meta-voicing，Communication，Collaboration，Competition，Sourcing.

Norman（1988）认为，产品设计者要针对人的需求进行设计，企业只有挖掘产品特有属性与消费者需求相衔接，才能为消费者提供有价值的产品。知识平台提供"知识资源"，我们认为同样具有一般产品可供性的四个特性：可靠性、经济性、可选择性、独特性（石声萍等，2020）。

可靠性是指平台的知识令用户感到信任和可靠的程度（Zhu et al.，2015）。用户认为知识的来源、内容可靠，才会认为知识是高质量的（Kim & Oh，2009）。经济性是指主体以相对较少的投入获取相对较大的利益，以满足生存发展需要的特性（蔡恒松，2008）；或者是以最低的资源耗费获得一定数量和质量的产出（Michacl，2006）。独特性是指个体通过获取、使用和处置消费品来追求与他人不同的特征（Tian & Bearden，2001）。新颖性与独特性是很相关的一个概念，是指知识平台上的答案令用户感到富有新意和带来新思路的程度（Shah & Pomerantz，2010；Zhu et al.，2015）。可选择性为可以关注一个特定的人、组或其他来源的信息（Gibbs et al.，2013）。

知识资源满足了上述四个特性，便成为具备符合用户特定心理需求的产品可供性，可以改善平台用户体验，提升用户满意度和忠诚度。因此，知识平台的知识可供性与功能可供性相互协同，在社会-技术层面实现用户赋能。

第四节　知识平台可供性支持下的赋能机制

一般意义上的赋能指授权赋能，是通过特定方式给予特定人群能力，表现为结构赋能、心理赋能和资源赋能。知识平台如何赋能？知识平台丰富的可供性体系能够全面支持授权赋能，并以技术赋能全面提升用户能力，推动价值共创。

（1）结构赋能。知识平台将每个用户都视为潜在的内容创作者，通过开放注册、编辑、上传、转发等丰富的社会可供性，让每个有意愿的用户都能够有机会参与知识内容的创作和发布，实现结构赋能。

（2）心理赋能。平台为了调动创作积极性，通过提供签约、奖金等物质激励和身份、荣誉等精神激励以及协作工具、线下培训等能力激励，全面支持心理赋能的实现。

（3）资源赋能。平台的知识资源具备可靠性、经济性、独特性和可选择性等可供性特征，为每个用户提供了充足的资源支持。

总之，数字技术支持下的平台赋能机制是通过平台社会可供性实现的，技术赋能与授权赋能之间具有高度的契合关系。平台社会可供性主要发挥结构赋能和能力提升作用、知识可供性主要发挥资源赋能作用，激励体系主要赋能用户心理，充分激发了平台知识创造的"创生性"和赋能机制（见图10-1）。

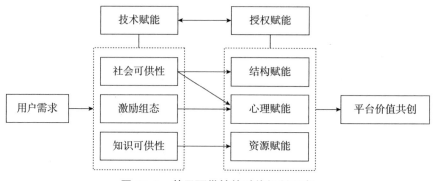

图10-1　基于可供性的赋能机制研究

本节运用可供性理论研究平台赋能机制，拓展了平台赋能研究的理论。数字技术背景的赋能研究主要回答了 What 等问题，较少触及 How 的研究。在国内互联网创新市场"下沉"的背景下，如何精准把握大量非传统用户的多样化心理需求并及时有效赋能知识协同，成为知识平台必须面对的核心问题。

授权赋能理论表明，用户或员工是通过结构、心理、资源等途径实现了能力提升。平台通过按照使命、定位提供了功能可供性和资源可供性，帮助用户实现了心理需求与技术、产品的聚合，实现了结构、资源和心理的赋能。因此，平台可供性是授权赋能的技术实现，是技术赋能的核心机理，实现了技术赋能与授权赋能的完美匹配。

本书创新性地以可供性理论集成用户–平台–组织，实现平台的组织特性匹配、平台赋能和激励机制等关键命题的聚合，具有较为独特的研究视角，能够为知识平台商业化提供可借鉴的理论框架和管理工具。

参考文献

［1］ Abreu D, Gul F. Bargaining and Reputation ［J］. Econometrica, 2000, 68 (1): 85-117.

［2］ Anklam P. Knowledge Management: The Collaboration Thread ［J］. Bulletin of the American Society for Information Science & Technology, 2002, 28 (6): 8-11.

［3］ Arazy O, Yeo L, Nov O. Stay on the Wikipedia task: When Task-related Disagreements Slip into Personal and Procedural Conflicts ［J］. Journal of the American Society for Information Science and Technology, 2013, 64 (8).

［4］ Argyres N. Capabilities, Technological Diversification and Divisionalization ［J］. Strategic Management Journal, 1996, 17 (5): 395-410.

［5］ Atuahene-Gina, K. Resolving the Capability-Rigidity Paradox in New Product Innovation ［J］. Journal of Marketing, 2005, 69 (4): 61-83.

［6］ Bae J. , Gargiulo M. Partner Substitutability, Alliance Network Structure, and Firm Profitability in the Telecommunications Industry ［J］. Academy of Management Journal, 2004 (47): 843-859.

［7］ Bapna R, Goes P , Jin G Y. User Heterogeneity and Its Impact on Electronic Auction Market Design: An Empirical Exploration ［J］. Mis Quarterly, 2004, 28 (1): 21-43.

［8］ Barnes T, Pashby I, Gibbons A. Effective University Industry Interaction: A Multi-Case Evaluation of Collaborative R&D Projects ［J］. European Management Journey, 2002 (20): 272-285.

［9］ Barro R J. Reputation in a Model of Monetary Policy with Incomplete Information ［J］. Journal of Monetary Economics, 1986 (17): 3-20.

［10］ Batjargal B. Software Entrepreneurs in China and Russia: Knowledge Networks, Product Development and Venture Performance ［R］. William Davidson Institute Working Paper, 2005: 751 ［WWW Document］ http: www. people. hbs. edu/jsiegel/batjargal_

HBS Feb12007. doc.

[11] Beldad A, Jong M D, Steehouder M. How Shall I Trust the Faceless and the Intangible? A Literature Review on the Antecedents of Online Trust [J]. Computers in Human Behavior, 2010, 26 (5): 857-869.

[12] Blanchard A L, Markus M L. The Experienced "Sense" of a Virtual Community: Characteristics and Processes [J]. The Data Base for Advances in Information System, 2004, 35 (1).

[13] Boerner S, Linkoh M, Kiefer. Top Management Team Diversity: Positive in the Short Run, but Negative in the Long Run? [J]. Team Performance Management, 2011, 17 (8): 328-353.

[14] Bonner J M, Walker O C. Selecting Influential Business-to-Business Customers in New Product Development: Relational Embeddedness and Knowledge Heterogeneity Considerations [J]. Journal of Product Innovation Management, 2004, 21 (3): 155-169.

[15] Burghardt K, Alsina E F, Girvan M, et al. The Myopia of Crowds: Cognitive Load and Collective Evaluation of Answers on Stack Exchange [J]. Plos One, 2017, 12 (3): e0173610.

[16] Burton-Jones A, Volkoff O. How Can We Develop Contextualized Theories of Effective Use? A Demonstration in the Context of Community-care Electronic Health Records [J]. Information Systems Research, 2017, 28 (3): 468-489.

[17] Buskens V. The Social Structure of Trust [J]. Social Networks, 1998, 20 (3): 265-289.

[18] Cao G, Duan Y, Li G. Linking Business Analytics to Decision Making Effectiveness: A Path Model Analysis [J]. Ieee Transactions on Engineering Management, 2015, 62 (3): 384-395.

[19] Carley Km, Reminga J. Ora: Organization Risk Analyzer [R]. Center For Computational Analysis of Social and Organizational Systems (Casos) Technical Report, 2004, CMU-ISRI-04-106, Carnegie Mellon University, Pittsburgh, http: reports-archive. adm. cs. cmu. edu/anon/Isri2004/Cmu-Isri-04-106. pdf.

[20] Carlsson B, Jacobsson S, Holmen M, et al. Innovation Systems: Analytical and Methodological Issues [J]. Research Policy, 2002 (31): 233-245.

[21] Carnabuci G, Operti E. Where do Firms Recombinant Capabilities Come

From? Intraorganizational Networks, Knowledge and Firms Ability to Innovate Through Technological Recombination [J]. Strategic Management Journal, 2013 (34): 1591-1613.

[22] Chang Y P, Zhu D H. Understanding Social Networking Sites Adoption in China: A Comparison of Pre-adoption and Post-adoption [J]. Computers in Human Behavior, 2011, 27 (5): 1840-1848.

[23] Chen L, Baird A, Straub D. Why Do Participants Continue to Contribute? Evaluation of Usefulness Voting and Commenting Motivational Affordances within An Online Knowledge Community [J]. Decision Support Systems, 2019, 3 (118): 21-32.

[24] Chen Y, Ho T, Kim Y. Knowledge Market Design: A Field Experiment at Google Answers [J]. Journal of Public Economics Theory, 2010, 12 (4): 641-664.

[25] Cooke N J, Gorman J C, Myers C W, et al. Interactive Team Cognition [J]. Cognitive Science, 2013, 37 (2): 255-285.

[26] Cress U, Kimmerle J. A Systemic and Cognitive View on Collaborative Knowledge Building with Wikis [J]. International Journal of Computer-Supported Collaborative Learning, 2008, 3 (2): 105-122.

[27] Cress U, Feinkohl I, Jirschitzka J, et al. Mass Collaboration as Coevolution of Cognitive and Social Systems [M]. Mass Collaboration and Education. Springer International Publishing, 2016: 85-104.

[28] Dahlin K B, Weingart L R, Hinds P J. Team Diversity and Information Use [J]. Academy of Management Journal, 2005, 48 (6): 1107-1123.

[29] Davidson K. Ethical Concerns at the Bottom of the Pyramid: Where CSR Meets BOP [J]. Journal of International Business Ethics, 2009, 2 (1): 22-32.

[30] Deng Weihua, Yi Ming, Wang Weijun. A Research on Knowledge Collaboration Mechanisms in Virtual Community Based on Tag: A Case Study on Douban [J]. Chinese Journal of Management, 2012, 9 (8): 1203-1210.

[31] Deng S L, Fang Y L, Liu Y, et al. Understanding the Factors Influencing User Experience of Social Question and Answer Services. [J]. Information Research an International Electronic Journal, 2015, 20 (4): 1-17.

[32] Dewar R D, Dutton J E. The Adoption of Radical and Incremental Innovation: An Empirical Analysis [J]. Management Science, 1986, 32 (11): 1422-1433.

[33] Eisenbeiss S A, Knippenberg D V, Boerner S. Transformational Leadership

and Team Innovation: Integrating Team Climate Principles [J]. The Journal of Applied Psychology, 2008, 93 (6): 1438-1446.

[34] Eisenhardt K M, Martin J A. Dynamic Capabilities: What are They? [J]. Strategic Management Journal, 2000 (21): 1105-1121.

[35] Eisenmann T, Parker G, Alstyne M V. Platform Envelopment [J]. Strategic Management Journal, 2011, 32 (12): 1270 -1285.

[36] Ellen Enkel, Sebastian Heil. Preparing For Distant Collaboration: Antecedents to Potential Absorptive Capacity in Cross-Industry Innovation [J]. Technovation, 2014 (34): 242-260.

[37] Espinosa Ja, Carley Km, Kraut Re, Lerch Fj and Fussell Sr. The Effect of Task Knowledge Similarity and Distribution on Asynchronous Team Coordination and Performance: Empirical Evidence from Decision Teams [R]. In Second Information Systems Cognitive Research Exchange (Is Core) Workshop. 2002, Barcelona, Spain, http: www. cs. cmu. edu/Bkraut/Rkraut. site. files/articles/Espinosa02-Knowledge Similarity Distrib Coord Submitted. Pdf.

[38] Faraj S, Kudaravalli S, Wasko M M. Leading Collaboration in Online Communities [J]. MIS Quarterly, 2015, 39 (2): 393-412.

[39] Fayard A L, Weeks J. Affordances for Practice [J]. Information & Organization, 2014, 24 (4): 236-249.

[40] Fox J, McEwan B. Distinguishing Technologies for Social Interaction: The Perceived Social Affordances of Communication Channels Scale [J]. Communication Monographs, 2017, 84 (3): 298-318.

[41] Galunic D C, Rodan S. Resource Recombinations in the Firm: Knowledge Structures and the Potential for Schumpeterian Innovation [J]. Strategic Management Journal, 1998, 19 (1): 1193-1201.

[42] Gao S, Ma J, Chen Z. Effective and Effortless Features for Popularity Prediction in Microblogging Network [C]. Proceedings of the 23rd International Conference on World Wide Web. ACM, 2014: 269-270.

[43] George G, Mcgahan A M, Prabhu J. Innovation for Inclusive Growth: Towards a Theoretical Framework and a Research Agenda [J]. Journal of Management Studies, 2012, 49 (4): 1-23.

[44] Ghazawneh A, Henfridsson O. A Paradigmatic Analysis of Digital Application

Market Places [J]. Journal of Information Technology, 2015, 30 (3): 198-208.

[45] Gibson J J. The Ecological Approach to Visual Perception [M]. Lawrence Erlbaum Associa-Tes, Florence, Kentucky, 1986: 227-235.

[46] Giuliani E, Morrison A Pietrobelli C, et al. Who are the Researchers That are Collaborating with Industry? An Analysis of the Wine Sectors in Chile, South Africa and Italy [J]. Research Polipolicy, 2010 (39): 748-761.

[47] Granovetter M S. The Strength of Weak Ties [J]. American Journal of Sociology, 2008 (79): 1360-1380.

[48] Guan T, Wang, et al. Knowledge Contribution Behavior in Online Q&A Communities: An Empirical Investigation [J]. Computers in Human Behavior, 2018 (81): 137-147.

[49] Hansen M T. The Search-Transfer Problem: The Role of Weak Ties in Sharing Knowledge Across Organization Subunits [J]. Administrative Science Quarterl, 1999, 44 (1): 82-111.

[50] Harrison D A, Price K H, Gavin J H, et al. Time, Teams and Task Performance: Changing Effects of Surface-and Deep-Level Diversity on Group Functioning [J]. Academy of Management Journal, 2002, 45 (5): 1029-1045.

[51] Hayek F A. The Use of Knowledge in Society [J]. American Economic Review, 1945, 35 (4): 519-530.

[52] Henderson R M, Clark K B. Architectural Innovation: The Reconfiguration of Existing Product Technologies and the Failure of Established Firms [J]. Administrative Science Quarterly, 1990 (35): 9-30.

[53] Heyden M L M, Sidhu J S, Vandenbosch F A J, Et Al. Top Management Team Search and New Knowledge Creation: How Top Management Team Experience Diversity and Shared Vision Influence Innovat [J]. International Studies of Managenont & Orangnization, 2012, 42 (4): 27-51.

[54] Hoffman J J, Hoelscher M L, Amp, Sherif, K. Social Capital, Knowledge Management and Sustained Superior Performance [J]. Journal of Knowledge Management, 2005, 9 (3): 93-100.

[55] Hofstede G H. Culture's Consequences: Comparing Values, Behaviors, Institutions and Organizations Across Nations [M]. Thousand Oaks, Calif: Sage Publications, 2000.

［56］Hogan, Suellen J, Coote, Leonard V. Organizational Culture Innovation and Performance: A Test of Schein's Model ［J］. Journal of Business Research, 2014, 67 (8): 1609-1621.

［57］Horwitz S K, Horwitz I B. The Effects of Team Diversity on Team Outcomes: A Meta-analytic Review of Team Demography ［J］. Journal of Management, 2007 (33): 987-1015.

［58］Hsieh G, Kraut R E, Hudson S E. Why Pay? Exploring How Financial Incentives are Used for Question & Answer ［C］. Proceedings of CHI 2010, ACM (2010): 305-314.

［59］Huang Y F, Chen C J. The Impact of Technological Diversity and Organizational Slack on Innovation ［J］. Technovation, 2010, 30 (7-8): 420-428.

［60］Iansiti M, Lakhani K R. Competing in the Age of AI: Strategy and Leadership When Algorithms and Networks Run the World ［J］. Harvard Business Review, 2020, 98 (1): 60-67.

［61］Jano J B, Sara C M. Destination Website Quality, Users' Attitudes and the Willingness to Participate in Online Co-Creation Experiences ［J］. European Journal of Management and Business Economics, 2018, 27 (1): 26-41.

［62］Jansen J J P, Van Den Bosch F A J, Volberda H W. Exploratory Innovation, Exploitative Innovation and Performance: Effects of Organizational Antecedents and Environmental Moderators ［J］. Management Science, 2006, 52 (11): 1661-1674.

［63］Jehn K A, Northcraft G B, Neale M A. Why Differences Make A Difference: A Field Study of Diversity, Conflict, and Performance in Workgroups ［J］. Administrative Science Quarterly, 1999, 44 (4): 741-763.

［64］Jensen M C, Meckling W H. Specific and General Knowledge, and Organizational Structure ［J］. Journal of Applied Corporate Finance, 1995, 8 (2): 1-18.

［65］Jin J, Yan, Xiangbin, Li, Yijun, et al. How Users Adopt Healthcare Information: An Empirical Study of an Online Q&A Community ［J］. International Journal of Medical Informatics, 2016 (86): 91-103.

［66］Joshi A, Roh H. The Role of Context in Work Team Diversity Research: A Meta-Analytic Review ［J］. The Academy of Management Journal, 2009, 52 (3): 599-627.

[67] Kane G C, Ransbotham S. Research Note-Content and Collaboration: An Affiliation Network Approach to Information Quality in Online Peer Production Communities [J]. Information Systems Research, 2016, 27 (2): 424-439.

[68] Kankanhalli A, Tan B, Wei K K. Contributing Knowledge to Electronic Knowledge Repositories: An Empirical Investigation [J]. Mis Quarterly, 2005, 29 (1): 113-143.

[69] Karlenzig W. Tap Into the Power of Knowledge Collaboration [EB/OL]. Dimension Data, httpwww. tmcnet. com/, 2002.

[70] Knowta S N K, Chitale C M. Collaborative Knowledge Sharing Strategy to Enhance Organizational Learning [J]. Journal of Management Development, 2012, 31 (3): 308-332.

[71] Kogut B, Zander U. Knowledge of the Firm, Combinative Capabilities and the Replication of Technology [J]. Organization Science, 1992, 3 (3): 383-397.

[72] Kozinets V. Etribalized Marking: The Strategic Implications of Virtual Communities of Consumption [J]. European Management Journal, 1999, 17 (3).

[73] Kreps D M, Milgrom P, Roberts J, et al. Rational Cooperation in the Finitely Repeated Prisoners' Dilemma [J]. Journal of Economic Theory, 1982 (27): 245-252.

[74] Krishnaveni R, Sujatha R. Communities of Practice: An Influencing Factor for Effective Transfer in Organizations [J]. The Iup Journal of Knowledge Management, 2012, 10 (1): 26-41.

[75] Lai H M, Chen C P, Chang Y F. Determinants of Knowledge Seeking in Professional Virtual Communities [J]. Behaviour & Information Technology, 2014, 33 (5): 522-535.

[76] Lave J, Wenger E. Situated Learning: Legitimate Peripheral Participation [M]. Cambridge: Cambridge University Press, 1991.

[77] Leijen H V, Baets W R J. A Cognitive Frame Work for Reengineering Knowledge Intensive Proeesses [C]. Proceedings of the 36th Hawaii International Conference on System Sciences (HICSS' 03), Hawaii, USA, 2002.

[78] Lettl C, Rost K, von Wartburg I. Why Are Some Independent Inventors' Heroes' and Others 'Hobbyists'? The Moderating Role of Technological Diversity and Specialization [J]. Research Policy, 2009, 38 (2): 243-254.

［79］Levinthal D A, March J G. The Myopia of Learning ［J］. Strategic Management Journal, 1993（14）：95-112.

［80］Levitt B, March J G. Organizational Learning ［J］. Annual Review of Sociology, 1988（14），319-340.

［81］Leydesdorff L. Betweeness Centrality as an Indicator of the "Interdisciplinary" of Scientific Journals ［J］. Journal of the American Society for Information Science and Technology, 2007, 58（9）：1303-1319.

［82］London T, Anupindi R, Sheth S. Creating Mutual Value：Lessons Learned from Ventures Serving Base of the Pyramid Producers ［J］. Journal of Business Research, 2010, 63（6）：582-594.

［83］Louadi E M. Knowledge Heterogeneity and Social Network Analysis - Towards Conceptual and Measurement Clarifications ［J］. Knowledge Management Research & Practice, 2008,（6）：199-213.

［84］Lovelace K, Shapiro D L, Weingart L R. Maximizing Cross-Functional New Product Teams' Innovativeness and Constraint Adherence：A Conflict Communications Perspective ［J］. Academy of Manageme Journal, 2001, 44（4）：779-793.

［85］Lu Y, Xiang C, Wang B, et al. What Affects Information Systems Development Team Performance? An Exploratory Study from the Perspective of Combined Socio-Technical Theory and Coordination Theory ［J］. Computers in Human Beherior, 2011, 27（2）：811-822.

［86］Luo J D. Social Network Structure and Performance of Improvement Teams ［J］. International Journal of Business Performance Management, 2005（7）：208-223.

［87］Majchrzak A, Faraj S. The Contradictory Influence of Social Media Affordances on Online Communal Knowledge Sharing ［J］. Journal of Computer-Mediated Communication, 2013, 19（1）：38-55.

［88］March J G. Exploration and Exploitation in Organizational Learning ［J］. Organization Science, 1991, 2（1）：71 -87.

［89］Marvel M R, Lumpkin G T. Technology Human Capital and Its Effects on Innovation Radicalness ［J］. Entrepreneurship Theory and Practice, 2007, 31（6）：807-828.

［90］Mason W A, Watts D J. Financial Incentives and the "Performance of Crowds" ［J］. Association for Computing Machinery Explorations Newsletter, 2009,

11 (2): 100-108.

[91] Matei S A, Jabal A A, Bertino E. Social-Collaborative Determinants of Content Quality in Online Knowledge Production Systems: Comparing Wikipedia and Stack Overflow [J]. Social Network Analysis and Mining, 2018, 8 (1): 36.

[92] Mcfadyen M A, Cannella A A. Social Capital and Knowledge Creation: Diminishing Returns of the Number and Strength of Exchange Relationships [J]. Academy of Management Journal, 2004 (47): 735-746.

[93] Mcintyre D P, Srinivasan A. Networks, Platforms, and Strategy: Emerging Views and Next Steps [J]. Strategic Management Journal, 2017, 38 (1): 141-160.

[94] Mckelvey M, Almb H, Riccabonii M. Does Co-Location Matter for Formal Knowledge Collaboration in the Swedish Biotechnology-Pharmaceutical Sector [J]. Research Policy, 2003 (32): 483-501.

[95] Meier S. A Survey of Economic Theories and Field Evidence on Pro-Social Behavior [J]. Economics and Psychology a Promising New Cross Disciplinary Field, 2006 (6): 51-88.

[96] Milliken H J, Martins L L. Searching for Common Threads: Understanding the Multiple Effects of Diversity in Organizational Groups [J]. Academy of Management Review, 1996, 21 (2): 402-433.

[97] Mook N P. The Information Behaviors of Rural Women in Botswana [J]. Library & Information Science Research, 2005 (27): 115 -127.

[98] Nambisan S, Baron R A. Virtual Customer Environments: Testing a Model of Voluntary Participation in Value Cocreation Activities [J]. Journal of Product Innovation Management, 2009, 26 (4) : 388-406.

[99] Nan N, Lu Y. Harnessing the Powder of Self-Origanization in an Online Community During Organizational Crisis [J]. Mis Quarterly, 2015, 38 (4): 1135-1157.

[100] Nambisan S, Baron R A. Virtual Customer Environments: Testing a Model of Voluntary Participation in Vale Co-Creation Activities [J]. Journal of Product Innovation Management, 2009, 26 (4): 388-406.

[101] Narula R. R&D Collaboration by Smes: New Opportunities and Limitations in the Face of Globalization. Technovation, 2004 (24): 153-161.

[102] Nooteboom B, Haverbekeb W V, Duystersc G, et al. Optimal Cognitive Distance and Absorptive Capacity [J]. Research Policy, 2007, 36 (7): 1016-1034.

[103] Nooteboom. Social Capital, Institutions and Trust [J]. Review of Social Economy, 2007, 65 (3): 29-53.

[104] Norman D A. The Psychopathology of Everyday Things [M]. Human-Computer Interaction, Morgan Kaufmann Inc, 2002.

[105] Normann R, Ramirez R. From Value Chain to Value Constellation: Designing Interactive Strategy [J]. Harvard Business Review, 1993, 71 (4): 65-77.

[106] Paola C, Linus D, Ammon S. Making Knowledge Visible: Using Expert Yellow Pages to Map Capabilities in Professional Services Firms [J]. Research Policy, 2007, 36 (10): 1603-1619.

[107] Paola C, Linus D, Ammon S. Outside In, Inside Out: The Impact of Knowledge Heterogeneity, Intra-and Extra-organizational Ties on Innovative Status [C]. Academy of Management Annual Meeting Proceedings, August 1, 2009.

[108] Parker G G, Alstyne M W V. Two-Sided Network Effects: A Theory of Information Product Design [J]. Management Science, 2005 (51): 1494-1504.

[109] Parker G, Alstyne M V, Jiang X. Platform Ecosystems: How Developers Invert the Firm [J]. Mis Quarterly, 2017, 41 (1): 255-266.

[110] Payne A F, Storbacka K, Frow P. Managing the Co-Creation of Value [J]. Journal of the Academy of Marketing Science, 2008, 36 (1): 83-96.

[111] Phelps C C. A Longitudinal Study of the Influence of Alliance Network Structure and Composition on Firm Exploratory Innovation [J]. Academy of Management Journal, 2010, 53 (4): 890-913.

[112] Plantin J C, Lagoze C, Edwards P N, et al. Infrastructure Studies Meet Platform Studies in the Age of Google and Facebook [J]. New Media & Society, 2018, 20 (1): 293-310.

[113] Postigo H. The Socio-Technical Architecture of Digital Labor: Converting Play into Youtube Money [J]. New Media & Society 2016, 18 (2): 332-349.

[114] Prahalad C K, Ramaswamy V. Co-Opting Customer Competence [J]. Harvard Business Review, 2000, 78 (1): 79-90.

[115] Prahalad C K, Hart S L. The Fortune at the Bottom of the Pyramid [J]. Strategy and Business, 2002 (26): 1-14.

[116] Prahalad C K, Ramaswamy V. Co-Creating Unique Value with Customers [J]. Strategy & Leadership, 2004, 32 (3): 4-9.

[117] Prahalad C K. The Fortune at the Bottom of the Pyramid: Eradicating Poverty Through Profits [M]. Wharton School Publishing, 2005: 3-14, 22-25.

[118] Purkhardt S C. Transforming Social Representations: A Social Psychology of Common Sense and Science [M]. London: Psychology Press, 2015.

[119] Raisch S, Birkinshaw J, Probst G, Tushman M L. Organizational Ambidexterity: Balancing Exploitation and Exploration for Sustained Performance [J]. Organization Science, 2009, 20 (4): 685-695.

[120] RamíRez R. Value Co-Production: Intellectual Origins and Implications for Practice and Research [J]. Strategic Management Journal, 1999, 20 (1): 49-65.

[121] Ren Y, Chen J, Riedl J. The Impact and Evolution of Group Diversity in Online Open Collaboration [J]. Management Science, 2016, 62 (6): 1668-1686.

[122] Revisited: A Cross-Sectional Analysis of Social Software Adoption in Corporate Environments [J]. Information and Knowledge Management Systems, 2013, 43 (2): 132-148.

[123] Ribes D, Finholt T A. The Long Now of Technology Infrastructurearticulating Tensions in Development [J]. Journal of the Association for Information Systems, 2009, 10 (5): 375-398.

[124] Rice R E, Evans S K, Pearce K E, Sivunen A, et al. Organizational Media Affordances: Perationalization and Associations with Media Use [J]. Journal of Communication, 2017, 67 (1): 106-130.

[125] Richard F J. Haans, Constant Pieters, Zi-Lin He. Thinking About U: theorizing and Testing U-and Inverted U-Shaped Relationships in Strategy Research [J]. Strategic Management Journal, 2016, 37 (7).

[126] Ridder Hansgerd. Rezensionen: Case Study Research. Design and Methods [J]. German Journal of Human Resource Management, 2012, 26 (1).

[127] Rochet J C, Tirole J. Platform Competition in Two-Sided Markets [J]. Journal of European Economic Association, 2003, 1 (4): 990-1029.

[128] Rodan S, Galunic C. More than Network Structure How Knowledge Heterogeneity Influences Managerial Performance and Innovativeness [J]. Strategic Management Journal, 2004, 25 (6): 541-562.

[129] Rodan S, Galunic C. More than Network Structure: How Knowledge Heterogeneity Influences Managerial Performance and Innovativeness. Strategic Management Jour-

nal, 2004, 25 (6): 541-562.

[130] Rowley T J, Greve H R, Rao H, Baum J A C, Shipilov A V. Time to Break Up: Social and Instrumental Antecedents of Firm Exits from Exchange Cliques [J]. Academy of Management Journal, 2005 (48): 499-520.

[131] Rulke D L, Galaskiewicz J. Distribution of Knowledge, Group Network Structure, and Group Performance [J]. Management Science, 2000, 46 (5): 612-625.

[132] Sampson R C. R&D Alliances and Firm Performance: The Impact of Technological Diversity and Alliance Organization on Innovation [J]. Academy of Management Journal, 2007, 50 (2): 364-386.

[133] Saunila M, Ukko J, Rantala T. Value Co-Creation Through Digital Service Capabilities: The Role of Human Factors [J]. Information Technology&People, 2019, 32 (3): 627-645.

[134] Schau H J, Muniz Jr A M, Arnould E J. How Brand Community Practices Create Value [J]. Journal of Marketing, 2009, 73 (5): 30-51.

[135] Scholten V E. The Early Growth of Academic Spin-offs: Factors Influencing the Early Growth of Dutch Spin-offs in the Life Sciences, ICT and Consulting [D]. Wageningen University and Researchcentrum, The Netherlands, 2006.

[136] Schweisfurth T G. Comparing Internal and External Lead Users as Sources of Innovation [J]. Research Policy, 2017, 46 (1): 238-248.

[137] Shah C, Kitzie V, Choi E. Modalities, Motivations, and Materials-Investigating Traditional and Social Online Q&A Services [M]. Sage Publications Inc. 2014.

[138] Shupan Wang, Jinhua Tong, Danting Zhou. Study on the Influence Path of Brand Virtual Community Interaction on Customer Loyalty [J]. Open Journal of Business and Management, 2016, 1 (4): 138-147.

[139] Simons T, Peterson R S. Task Conflict and Relationship Conflict in Top Management Teams: The Pivotal Role of Intergroup Trust [J]. Journal of Applied Psychology, 2006, 85 (1): 90-102.

[140] Singh J. Collaborative Networks as Determinants of Knowledge Diffusion Patterns [J]. Management Science, 2005, 51 (5): 756-770.

[141] Sparrowe R T, Liden R C, Wayne S J, et al., Social Networds and the

Performance of Individuals and Groups [J]. Academy of Management Journal, 2001 (44): 316-325.

[142] Stam W, Arzlanian S, Elfring T. Social Capital of Entrepreneurs and Small Firm Performance: A Meta-Analysis of Contextual and Methodological Moderators [J]. Journal of Business Venturing, 2014, 29 (1): 152-173.

[143] Strong D M, Volkoff O, Johnson S A, Garber L. A Theory of Organization-Ehr Affordance Actualization [J]. Journal of the Association for Information Systems, 2014, 15 (2): 53-85.

[144] Suzuki J, Kodama F. Technological Diversity of Persistent Innovators in Japan: Two Case Studies of Large Japanese Firms [J]. Research Policy, 2004, 33 (3): 531-549.

[145] Tajfel H. Human Groups and Social Categories: Studies in Social Psychology [M]. Cambridge University Press, 1981.

[146] Teppo F, William S H. The Knowledge-Based View, Nested Heterogeneity, and New Value Creation: Philosophical Considerations on the Locus of Knowledge [J]. Academy of Management Review, 2007, 32 (1): 195-219.

[147] Tim Y, Hallikainen P, Pan S L, et al. Actualizing Business Analytics for Organizational Transformation: A Case Study of Rovio Entertainment [J]. European Journal of Operational Research, 2020, 281 (3): 642-655.

[148] Tim Y, Pan S L, Bahri S, et al. Digitally Enabled Affordances for Community-Driven Environmental Movement in Rural Malaysia [J]. Information System Journal, 2018, 28 (1): 48-75.

[149] Tiwana A, Konsynski B, Bush A. Research Commentary-Platform Evolution: Coevolution of Platform Architecture, Governance, and Environmental Dynamics [J]. Information Systems Research, 2010.

[150] Tonguy C. Knowledge Sharing Over Social Networking Systems [D]. Vrije Universiteit Brussel, 2006.

[151] Vachani S, Craig Smith N. Socially Responsible Distribution: Distribution Strategies for Reaching the Bottom of the Pyramid [J]. Social Science Electronic Publishing, 2007, 50 (2): 52-54.

[152] Van De Vrande D. Balancing Your Technology-Sourcing Portfolio: How Sourcing Mode Diversity Enhances Innovative Performance [J]. Strategic Management

Journal, 2013, 34 (5): 610-621.

[153] Van K D, Dreu D C, Homan A C. Work Group Diversity and Group Performance: An Integrative Model and Research Agenda [J]. Journal of Applied Psychology, 2004, 89 (6): 1008-1022.

[154] Van Wendel de Joode R, de Bruijine M. The Organization of Open Source Communities: Towards a Framework to Analyze the Relationship Between Openness and Reliability [C] //Proceedings of the 39th Annual Hawaii International Conference on System Sciences, 2006: 118B.

[155] Vargo S L, Lusch R F. Evolving to a New Dominant Logic for Marketing [J]. Journal of Marketing, 2004, 68 (1): 1-17.

[156] Vargo S L, Lusch R F. Service-Dominant Logic: What It Is, What Is Not, What It Might Be [J]. Journal of the Academy of Marketing Science, 2006, 32 (1): 43-56.

[157] Vargo S L, Lusch R F. Service-Dominant Logic: Continuing the Evolution [J]. Journal of the Academy of Marketing Ence, 2008, 36 (1): 1-10.

[158] Vargo S L, Lusch R F. Institutions and Axioms: An Extension and Update of Service-Dominant Logic [J]. Journal of the Academy of Marketing Science, 2016, 44 (1): 5-23.

[159] Vasudeva G, Anand J. Unpacking Absorptive Capacity: A Study of Knowledge Utilization from Alliance Portfolios [J]. Academy of Management Journal, 2011, 54 (3): 611-623.

[160] Vickers J. Signalling in a Model of Monetary Policy with Incomplete [J]. Oxford Economic Papers, 1986 (38): 443-455.

[161] Vilma Vuori, Jussi Okkone. Refining Information and Knowledge By Social Media Applications: Adding Value by Insight [J]. Information and Knowledge Management Systems, 2012, 42 (1): 117-128.

[162] Viswanathan M, Gau R, Chaturvedi A. Research Methods for Subsistence Marketplaces [J]. Sustainability Challenges and Solutions at the Base of the Pyramid : Business, T, 2008 (19): 242-260.

[163] Volkoff O, Strong D M. Critical Realism and Affordances: Theorizing IT-Associated Organizational Change Processes [J]. MIS Quarterly, 2013, 37 (3): 819-834.

［164］ Von Wartburg I, Rost K, Teichert T. The Creation of Social and Intellectual Capital in Virtual Communities of Practice ［C］. Proceedings of the Fifth European Conference on Organizational Knowledge, Learning and Capabilities, 2004.

［165］ Wadhwa A, Kotha S. Knowledge Creation Through External Venturing: Evidence from the Telecommunications Equipment Manufacturing Industry ［J］. The Academy of Management Journal, 2006, 49 （4）: 819-835.

［166］ Wasko M M, Faraj S. Why Should I Share? Examining Social Capital and Knowledge Contribution in Electronic Networks of Practice ［J］. MIS Quarterly, 2005, 29 （1）: 35-57.

［167］ Wenger E. Communities of Practice: Learning, Meaning, and Identity ［M］. Cambridge: Cambridge University Press, 1998.

［168］ Wikström S. The Customer as Co-Producer ［J］. European Journal of Marketing, 1996, 30 （4）: 6-19.

［169］ Williams M. Being Trusted: How Team Generational Age Diversity Promotes and Undermines Trust in Cross-Boundary Relationships ［J］. Journal of Organizational Behavior, 2016, 37 （3）: 346-373.

［170］ Xie Q, Xiong F, Han T, et al. Interactive Resource Recommendation Algorithm Based on Tag Information ［J］. World Wide Web-Internet & Web Information Systems, 2018 （1）: 1-19.

［171］ Yang J, Wang F K. Impact of Social Network Heterogeneity and Knowledge Heterogeneity on the Innovation Performance of New Ventures ［J］. Information Discovery and Delivery, 2017, 45 （1）: 36-44.

［172］ Yang S J, Chen I Y. A Social Network-Based System for Supporting Interactive Collaboration in Knowledge Sharing Over Peer-To-Peer Network ［J］. International Journal of Human-Computer Studies, 2008, 66 （1）: 36-50.

［173］ Yang S J, Chen I Y. A Social Network-Based System for Supporting Interactive Collaboration in Knowledge Sharing Over Peer-To-Peer Network ［J］. International Journal of Human -Computer Studies, 2008, 66 （1）: 36-50.

［174］ Yingying Zhou, Jianbin Chen, Shuli Gao, Mo Chen. The Impact of User Heterogeneity on Knowledge Collaboration Performance ［J］. Technical Gazette, 2020, 27 （6）: 1938-1945.

［175］ Yoo Y, Boland R J, Lyytinen K, Majchrzak A. Organizing for Innovation in the Digitized World [J]. Organization Science, 2012, 23 (5): 1398-1408.

[176] Zhang J, Shabbir R, Pitsaphol C. Creating Brand Equity By Leveraging; G Value Creation and Consumer Commitment in Online Brand Communities: A Conceptnal Framework [J]. International Journal of Business and Management, 2014, 10 (1): 80.

[177] Zhou Y, Gao S, Chen J. Motivations of R&D Team Participating in Knowledge Collaboration: A Game Analysis and Empirical Study [J]. Journal of Interdisciplinary Mathematics, 2018, 21 (4): 975-987.

[178] Zhou Y Y, Chen J B, Gao S L, Chen M. The Impact of User Heterogeneity on Knowledge Collaboration Performance [J]. Technical Gazette, 2020, 27 (6): 1938-1945.

[179] Zollo M, Winter S G. Deliberate Learning and the Evolution of Dynamic Capabilities [J]. Organization Science, 2002 (13): 339-351.

[180] Zwass, Vladimir. Co-Creation: Toward a Taxonomy and an Integrated Research Perspective [J]. International Journal of Electronic Commerce, 2010, 15 (1): 11-48.

[181] Alavi M, Leidner D E, 郑文全. 知识管理和知识管理系统: 概念基础和研究课题 [J]. 管理世界, 2012 (5): 163-175.

[182] 白冰, 邓修权, 郭志琼, 高德华. 网络社会实践社区知识协同演化机理研究——基于 Swarm 仿真平台 [J]. 情报杂志, 2014, 33 (6): 201-207.

[183] 白景坤, 张雅, 李思晗. 平台型企业知识治理与价值共创关系研究 [J]. 科学学研究, 2020, 38 (12): 2193-2201

[184] 曹仰锋. 海尔 COSMOPlat 平台: 赋能生态 [J]. 清华管理评论, 2018 (11): 28-34.

[185] 曾昭娴. 悟空问答社区的内容运营研究 [D]. 湖南大学硕士学位论文, 2018.

[186] 陈斌等. 移动支付的用户粘性、平台策略与发展机制研究 [J]. 资源开发与市场, 2015, 31 (11): 1383-1386.

[187] 陈春花. 共生: 未来企业组织进化路径 [M]. 北京: 中信出版集团, 2018.

[188] 陈建斌, 付丽丽, 薛云. 应用 Web2.0 提升企业创新能力的知识协同机制 [J]. 西部论坛, 2015, 25 (2): 20-28.

［189］陈建斌，郭彦丽，徐凯波．基于资本增值的知识协同效益评价研究［J］．科学学与科学技术管理，2014（5）：35-43．

［190］陈建斌，徐凯波，薛云．企业2.0视角下的知识协同自组织分析模型研究［J］．经济问题，2013（4）：55-58+88．

［191］陈建军，王正沛，李国鑫．中国宇航企业组织结构与创新绩效：动态能力和创新氛围的中介效应［J］．中国软科学，2018（11）：122-130．

［192］陈昆玉，陈昆琼．论企业知识协同［J］．情报科学，2002（9）：986-989．

［193］陈容容．虚拟品牌社群特征对消费者价值共创意愿的影响研究［D］．安徽大学硕士学位论文，2019．

［194］陈文波等．企业信息系统实施中的意义建构：以S公司为例［J］．管理世界，2011（6）：142-151．

［195］迟铭，毕新华，徐永顺．治理机制对顾客参与价值共创行为的影响——虚拟品牌社区的实证研究［J］．经济管理，2020，42（2）：144-159．

［196］储节旺，吴川徽．知识流动视角下社会化网络的知识协同作用研究［J］．情报理论与实践，2017（2）：31-36．

［197］储节旺，张静．企业开放式创新知识协同的作用、影响因素及保障措施研究［J］．现代情报，2017（1）：25-30．

［198］代吉林，张书军，李新春．知识资源的网络获取与集群企业模仿创新能力构建——以组织学习为调节变量的结构议程检验［J］．软科学，2009，23（7）：76-83．

［199］戴万稳，邱丽玲，陈晓燕．组织学习动态过程障碍的整合研究［J］．管理学报，2014，11（12）：1790-1797．

［200］邓华，李光金．互联网时代包容性创业企业商业模式构建机制研究［J］．中国科技论坛，2017（6）：24-29．

［201］邓强．虚拟品牌社区体验对顾客价值共创意愿的影响研究［D］．山西财经大学硕士学位论文，2018．

［202］邓胜利，陈晓宇，付少雄．社会化问答社区用户信息需求对信息搜寻的影响研究——基于问答社区卷入度的中介作用分析［J］．情报科学，2017，35（7）：3-8+15．

［203］邓胜利．国内外交互问答平台的比较及其对策研究［J］．情报理论与实践，2009（3）：50-55．

［204］邓晓诗．网络文学企业写作人才的管理模式研究——以"阅读集团"为例［D］．西南财经大学硕士学位论文，2016.

［205］邓晓诗．网络文学企业阅文集团的商业模式研究［J］．当代经济，2018（14）．

［206］狄蓉，赵袁军，刘正凯．"互联网+"背景下服务型企业价值共创机理研究——以知识整合为中介变量［J］．首都经济贸易大学学报，2020，22（5）：102-112.

［207］窦红宾，王正斌．网络结构对企业成长绩效的影响研究——利用性学习、探索性学习的中介作用［J］．南开管理评论，2011，14（3）：15-25.

［208］杜丹丽，付益鹏，高琨．创新生态系统视角下价值共创如何影响企业创新绩效——一个有调节的中介模型［J］．科技进步与对策，2021，38（10）：105-113.

［209］段光，杨忠．知识异质性对团队创新的作用机制分析［J］．管理学报，2014，11（1）：86-94.

［210］樊振佳等．贫困地区返乡创业人员信息获取不平等表征及其根源分析［J］．情报科学，2019，37（10）：81-86+113.

［211］樊治平，冯博，俞竹超．知识协同的发展及研究展望［J］．科学学与科学技术管理，2007（11）：85-91.

［212］范宇峰，陈佳佳，赵占波．问答社区用户知识分享意向的影响因素研究［J］．财贸研究，2013（4）：141-147.

［213］方陈承，张建同．社会化问答社区中用户研究的述评与展望［J］．情报杂志，2018，37（9）：185-193.

［214］冯博，樊治平．基于协同效应的知识创新团队伙伴选择方法［J］．管理学报，2012（2）：258-261.

［215］冯姗，李金鑫．社会问答平台知识共享影响因素实证研究——以动机和需求为视角［J］．情报探索，2018（2）：20-28.

［216］付少雄，陈晓宇，邓胜利．社会化问答社区用户信息行为的转化研究——从信息采纳到持续性信息搜寻的理论模型构建［J］．图书情报知识，2017（4）：80-88.

［217］傅慧，付冰．学习能力与企业绩效：知识资源是中介变量吗［J］．南开管理评论，2007，10（4）：23-28.

［218］甘子美．短视频App算法推荐智能化对用户心流体验的影响研究

［D］. 广东外语外贸大学，2020.

［219］高建新，刘伟. 基于平台策略的产品开发流程研究［J］. 工业技术经济，2006（4）：109-112.

［220］古家军. TMT知识结构、职业背景的异质性与企业技术创新绩效关系［J］. 研究与发展管理，2008，20（4）：28-33.

［221］谷斌，徐菁，黄家良. 专业虚拟社区用户分类模型研究［J］. 情报杂志，2014，33（5）：203-207.

［222］郭顺利. 社会化问答社区用户生成答案知识聚合及服务研究［D］. 吉林大学，2018.

［223］郭尉. 知识异质、组织学习与企业创新绩效关系研究［J］. 科学学与科学技术管理，2016（7）：118-125.

［224］韩晶怡. 基于网络演化博弈的产学研知识协同策略研究［D］. 南京邮电大学，2019.

［225］郝金磊，尹萌. 分享经济：赋能、价值共创与商业模式创新——基于猪八戒网的案例研究［J］. 商业研究，2018（5）：37-46.

［226］郝婷，杨蕾磊. 我国网络文学作家成长制度研究——基于37家网络文学平台的调研［J］. 科技与出版，2018（11）：32-38.

［227］何迪，陈文静. 哔哩哔哩：如何实现从小众狂欢到大众围观［J］. 传播与版权，2019（5）.

［228］洪闯，李贺，祝琳琳，彭丽徽. 活动理论视角下社会化问答平台用户知识协同模型与关键影响因素研究——基于模糊DANP方法［J］. 情报理论与实践，2019，42（11）：100-106.

［229］胡海波，卢海涛. 企业商业生态系统演化中价值共创研究——数字化赋能视角［J］. 经济管理，2018，40（8）：57-73.

［230］季皓，朱传华. 文化产业实践社区支持要素研究［J］. 科技管理研究，2014，34（3）：121-126.

［231］简兆权，令狐克睿，李雷. 价值共创研究的演进与展望——从"顾客体验"到"服务生态系统"视角［J］. 外国经济与管理，2016，38（9）：3-20.

［232］简兆权，令狐克睿. 虚拟品牌社区顾客契合对价值共创的影响机制［J］. 管理学报，2018，15（3）：326-334+344.

［233］蒋军锋，张黎玮，王宇佩. 创新网络中知识异质性驱动知识增长的机制［J］. 系统工程，2017，35（11）：74-79.

［234］焦娟妮，范钧．顾客——企业社会价值共创研究述评与展望［J］．外国经济与管理，2019，41（2）：72-83.

［235］焦勇兵，娄立国，杨健．社会化媒体中顾客参与、价值共创和企业绩效的关系——感知匹配的调节作用［J］．中国流通经济，2020，34（6）：27-40.

［236］金晓玲．用户为什么在问答社区中持续贡献知识-积分等级的调节作用［J］．管理评论，2013（12）：138-146.

［237］孔海东，张培，刘兵．价值共创行为分析框架构建——基于赋能理论视角［J］．技术经济，2019，38（6）：99-108.

［238］雷森．集群规模与绩效基于知识异质度的调节作用［D］．西南财经大学，2013.

［239］李朝辉．基于顾客参与视角的虚拟品牌社区价值共创研究［D］．北京邮电大学博士学位论文，2013.

［240］黎赔肆，李利霞．网络结构洞对机会识别的影响机制：网络知识异质度的调节效应［J］．求索，2014（7）：24-28.

［241］李丹．企业群知识协同要素及过程模型研究［J］．图书情报工作，2019（14）：9.

［242］李菲菲，孙圣兰．基于价值网的我国医疗分享商业模式研究［J］．卫生经济研究，2019（12）：8-10.

［243］李纲，周华阳，毛进，陈思菁．基于机器学习的社交媒体用户分类研究［J］．数据分析与知识发现，2019，3（8）：1-9.

［244］李蕾，何大庆，章成志．社会化问答研究综述［J］．数据分析与知识发现，2018，2（7）：1-12.

［245］李世超．产学合作关系对企业创新绩效的影响研究——基于案例研究的概念模型与解释［J］．科技进步与对策，2012，29（5）：6-13.

［246］李文元，翟晓星，徐芳．人际关系动机对虚拟品牌社区知识共享行为的影响机制研究——一个被调节的中介模型［J］．管理评论，2018，30（7）：89-99.

［247］李晓方．激励设计与知识共享——百度内容开放平台知识共享制度研究［J］．科学学研究，2015，33（2）：272-312.

［248］李晓华，赵武．基于BOP群体采纳行为的包容性创新产品扩散研究［J］．科学学与科学技术管理，2017（5）：153-168.

［249］李雪欣，郭辰，余婷．虚拟品牌社区互动对消费者品牌推崇的影响

[J].辽宁大学学报（哲学社会科学版），2019，47（4）：47-54.

[250] 李彦勇，朱少英，等.基于I-P-O模型的国内虚拟创新团队研究综述 [J].科技进步与对策，2013（2）：157-160.

[251] 李奕莹.企业开放式创新社区用户贡献与创新管理研究 [D].山东大学，2017.

[252] 李志宏，朱桃.基于加权小世界网络模型的实践社区知识扩散研究 [J].软科学，2010（2）：51-55.

[253] 连远强，刘俊伏.成员异质性、网络耦合性与产业创新网络绩效 [J].宏观经济研究，2017（9）：128-136.

[254] 廖佩伊.UGC、PGC的社交媒体内容生产方式比较 [J].新闻研究导刊，2018（16）.

[255] 林正奎，刘丰军，赵娜.在线知识社区群体协作内在机制研究进展 [J].情报科学，2019，6（37）：170-177.

[256] 刘刚，李超，吴彦俊.创业团队异质性与新企业绩效关系的路径：基于动态能力的视角 [J].系统管理学报，2017（4）：655-662.

[257] 刘慧敏，耿柳，李壮壮.知识异质性与人格特质组合的交互作用对创新绩效的影响 [J].科技管理研究，2018（6）：1-9.

[258] 刘经涛，朱立冬.共享出行平台用户参与对用户满意的影响研究——共创用户价值的中介作用 [J].武汉商学院学报，2019，33（4）：51-58.

[259] 刘静岩，王玉，林莉.开放式创新社区中用户参与创新对企业社区创新绩效的影响——社会网络视角 [J].科技进步与对策，2020，37（6）：128-136.

[260] 刘文超，任俊生，辛欣.企业与消费者"共同创造"的动机和结果分析 [J].甘肃社会科学，2011（6）：226-229.

[261] 刘亚军.互联网使能、金字塔底层创业促进内生包容性增长的双案例研究 [J].管理学报，2018（12）.

[262] 刘业政等.基于群偏好与用户偏好协同演化的群推荐方法 [J].系统工程理论与实践，2021，41（63）：537-553.

[263] 刘源等.共享经济下货运平台与用户价值共创机理——基于冷链马甲的案例研究 [J].管理学刊，2020，33（3）：61-72.

[264] 刘泽双，杜若璇.创业团队知识异质性、知识整合能力与团队创造力关系研究 [J].科技管理研究，2018（8）：159-167.

[265] 刘征驰，邹智力，马滔.技术赋能、用户规模与共享经济社会福利

［J］. 中国管理科学，2020，28（1）：222-230.

［266］刘政，姚雨秀，张国胜，匡慧姝. 企业数字化、专用知识与组织授权［J］. 中国工业经济，2020（9）：156-174.

［267］罗仲伟，李先军，宋翔等. 从"赋权"到"赋能"的企业组织结构演进——基于韩都衣舍案例的研究［J］. 中国工业经济，2017（9）：174-192.

［268］吕洁. 知识异质度对知识型团队创造力的影响机制研究［D］. 浙江大学，2013.

［269］吕凯. UGC 平台中的委托代理问题［D］. 东北财经大学，2018.

［270］梅景瑶，郑刚，朱凌. 数字平台如何赋能互补者创新——基于架构设计视角［J］. 科技进步与对策，2021（3）1-8.

［271］南洋，李海刚. 新型共创网络社区的用户知识互动绩效影响因素研究［J］. 软科学，2019，33（3）：45-48+60.

［272］倪旭东，项小霞，姚春序. 团队异质性的平衡性对团队创造力的影响［J］. 心理学报，2016（5）：556-565.

［273］倪旭东，薛宪方. 基于知识异质度团队的异质性知识网络运行机制［J］. 心理科学进展，2013，21（3）：389-397.

［274］倪旭东. 知识异质性对团队创新的作用机制研究［J］. 企业经济，2010（8）：57-63.

［275］聂规划，陈晓莉. 知识共享的激励机制研究［J］. 情报探索，2006（102）：6-7.

［276］宁连举，孙中原，肖朔晨. 平台生态系统中用户价值体系的形成与驱动机制研究——基于用户契合视角［J］. 东北大学学报（社会科学版），2019，21（5）：470-479.

［277］牛芳，张玉利，杨俊. 创业团队异质性与新企业绩效：领导者乐观心理的调节作用［J］. 管理评论，2011（11）：110-119.

［278］牛振邦，白长虹，张辉. 基于互动的价值共创研究［J］. 企业管理，2015（1）：118-120.

［279］潘松挺，蔡宁. 企业创新网络中关系强度的测量研究［J］. 中国软科学，2010（5）：108-115.

［280］彭凯，孙海法. 知识多样性、知识分享和整合及研发创新的相互关系——基于知识 IPO 的 R&D 团队创新过程分析［J］. 软科学，2012，26（9）：15-19.

［281］彭瑞梅，邢小强．数字技术赋权与包容性创业——以淘宝村为例［J］．技术经济，2019（5）：79-86.

［282］戚聿东，肖旭．数字经济时代的企业管理变革［J］．管理世界，2020（6）：135-153.

［283］乔丹丹．基于用户生成内容的竞争智能建模与经济激励探析［D］．清华大学，2018.

［284］裘江南，王婧贤．在线知识社区中团队异质性对知识序化效率的影响［J］．情报学报，2018，37（4）：372-383.

［285］裘江南，张野，许凯．在线知识社区中基于个体异质性的知识与社会系统协同演化研究［J］．运筹与管理，2018，27（5）：119-129.

［286］曲刚，李伯森．团队社会资本与知识转移关系的实证研究：交互记忆系统的中介作用［J］．管理评论，2011（9）：109-118.

［287］沙洁．"平安好医生"垂直型平台价值共创机制的研究［D］．兰州大学硕士学位论文，2019.

［288］申光龙，彭晓东，秦鹏飞．虚拟品牌社区顾客间互动对顾客参与价值共创的影响研究——以体验价值为中介变量［J］．管理学报，2016，13（12）：1808-1816.

［289］沈惠敏，柯青，刘高勇．知识协同社区分析模型的构建——基于实证研究方法［J］．情报杂志，2013，32（2）：121-127.

［290］施涛，姜亦珂．社会化问答社区用户知识贡献行为模型研究［J］．科技进步与对策，2017，34（18）：126-130.

［291］施艳萍，袁曦临，宋歌．社会化问答平台意见领袖的知识共享行为特征探析［J］．图书情报知识，2018（6）：103-112.

［292］石声萍，何新月，张景，洪静，吴悠．可供性视角下互联网初创企业的价值实现——基于众友帮的案例研究［J］．管理案例研究与评论，2020，13（3）：315-330.

［293］宋鹏，郭勤勤．网络零售商经营绩效的影响因素研究——基于在线评论异质性视角［J］．会计之友，2019（12）：35-40.

［294］宋文墨，毛基业．浅探互联网应用中的同质化与差异化［J］．清华大学学报（自然科学版），2006（S1）：1154-1159.

［295］宋学通，李勇泉．文化创意旅游地游客价值共创行为影响因素研究——一个有调节的中介模型［J］．资源开发与市场，2019，35（9）：1218-1224.

［296］苏朝辉．客户思维［J］．中外管理，2019（12）：133．

［297］苏婉，李阳春，王天东，郝森森．用户赋能和服务创新对 APP 绩效的影响研究［J］．科研管理，2020，41（8）：193-201．

［298］孙晶磊，赵西萍，望文．基于进化博弈论的 Web 2.0 环境下组织内部知识共享研究［J］．软科学，2013，27（5）：105-108．

［299］孙思阳．虚拟学术社区用户知识交流行为研究［D］．吉林大学，2018．

［300］孙新波，苏钟海，钱雨，张大鹏．数据赋能研究现状及未来展望［J］．研究与发展管理，2020，32（2）：155-166．

［301］孙元，贺圣君，尚荣安，傅金娣．企业社交工作平台影响员工即兴能力的机理研究——基于在线社会网络的视角［J］．管理世界，2019，35（3）：157-168．

［302］陶兴，张向先，郭顺利．基于 DPCA 的社会化问答社区用户生成答案知识聚合与主题发现服务研究［J］．情报理论与实践，2019，42（6）：94-98+87．

［303］佟泽华．知识协同及其与相关概念的关系探讨［J］．图书情报工作，2012，56（8）：107-112．

［304］涂剑波，陶晓波，吴丹．关系质量视角下的虚拟社区互动对共创价值的影响：互动质量和性别差异的调节作用［J］．预测，2017，36（4）：29-35+42．

［305］涂科．共享经济模式下的价值共创机理研究［D］．北京邮电大学，2019．

［306］万晴晴．企业虚拟品牌社区中顾客自发参与价值共创活动的机理研究［D］．北京邮电大学，2015．

［307］王超超．在线用户社区成员知识贡献的驱动机制研究［D］．西安理工大学硕士学位论文，2019．

［308］王晨．基于用户研究的 UGC 激励模式研究［D］．北京外国语大学，2017．

［309］王慧贤．社交网络媒体平台用户参与激励机制研究［D］．北京邮电大学，2013．

［310］王乐．社会化问答社区知识贡献和知识互动质量研究［D］．哈尔滨工业大学，2016．

［311］王楠，张士凯，赵雨柔，陈劲．在线社区中领先用户特征对知识共享水平的影响研究——社会资本的中介作用［J］．管理评论，2019，31（2）：

82-93.

［312］王培林.SPPAC：科技成果转化知识协同的认知行为过程［J］.科学与管理，2020，40（6）：15-22.

［313］王学东，易明，占旺国.虚拟团队中知识共享的社会网络嵌入性视角［J］.情报科学，2009，27（12）：1761-1764+1796.

［314］王颖，彭灿.知识异质性与知识创新绩效的关系研究［J］.科技进步与对策，2012，29（4）：119-123.

［315］王玉娟.能力建设视角下包容性创新对发展的驱动机制研究［J］.武汉商学院学报，2019（4）.

［316］魏江，应瑛，刘洋.研发网络分散化、组织学习顺序与创新绩效：比较案例研究［J］.管理世界，2014（2）：137-152.

［317］魏思敏.虚拟品牌社区意见领袖识别及其参与的价值共创研究［D］.山东大学，2018.

［318］魏想明，舒曼.影响研发联盟的知识协同效应因素探究［J］.科技创业月刊，2012（6）：14-16.

［319］吴绍波，顾新.知识链组织之间合作的知识协同研究［J］.科学学与科学技术管理，2008（8）：83-87.

［320］吴岩.创业团队的知识异质度对创业绩效的影响研究［J］.科研管理，2014，35（7）：84-90.

［321］吴瑶，肖静华，谢康，廖雪华.从价值提供到价值共创的营销转型——企业与消费者协同演化视角的双案例研究［J］.管理世界，2017（4）：138-157.

［322］吴永和，田雅慧，郭守超，朱丽娟，马晓玲.基于在线3D教育平台的学习者行为分析模型研究——以GeekCAD平台为例［J］.中国电化教育，2019（12）：61-67.

［323］吴钰萍，靳洪.互动性与自我揭露对使用意图的影响［J］.技术经济与管理研究，2018（9）：26-30.

［324］吴志泓.社会化电子商务用户隐性需求演化机制研究［D］.华南理工大学，2016.

［325］武真.信任视角下知识型平台用户价值共创影响因素及机制研究［D］.北京邮电大学，2019.

［326］夏晗.创业团队异质性对科技型新创企业绩效的影响——一个双调

节模型［J］. 科技进步与对策，2018（7）：145-152.

［327］肖静华，胡杨颂，吴瑶. 成长品：数据驱动的企业与用户互动创新案例研究［J］. 管理世界，2020，36（3）：183-205.

［328］肖静华，吴瑶，刘意，谢康. 消费者数据化参与的研发创新——企业与消费者协同演化视角的双案例研究［J］. 管理世界，2018，34（8）：154-173+192.

［329］肖条军，盛昭瀚. 两阶段基于信号博弈的声誉模型［J］. 管理科学学报，2003，6（1）：27-31.

［330］邢蕊，周建林，王国红. 创业团队知识异质性与创业绩效关系的实证研究——基于认知复杂性和知识基础的调节作用［J］. 预测，2017（1）：1-7.

［331］邢小强，周江华，全允桓. 包容性创新：研究综述及政策建议［J］. 科研管理，2015（9）.

［332］邢小强，周平录，张竹，汤新慧. 数字技术、BOP 商业模式创新与包容性市场构建［J］. 管理世界，2019，35（12）：116-136.

［333］邢小强. 数字技术、BOP 商业模式创新与包容性市场构建［J］. 管理世界，2019（12）.

［334］徐嘉徽，李全喜，张健. 共享服务平台信息质量对消费者信息采纳行为的影响分析与提升对策研究［J］. 情报科学，2019，37（5）：148-154.

［335］徐建芳. 社交媒体环境下用户信息使用行为与激励机制研究［D］. 山东财经大学，2017.

［336］徐少同，孟玺. 知识协同的内涵、要素与机制研究［J］. 科学学研究，2013（7）：976-982.

［337］许强，施放. 从知识结构观点看母子公司关系［J］. 科技进步与对策，2004，21（5）：92-94.

［338］薛娟，丁长青，卢杨. 复杂网络视角的网络众包社区知识传播研究——基于 Dell 公司 Ideastorm 众包社区的实证研究［J］. 情报科学，2016，34（8）：25-28+61.

［339］严玲艳，王一鸣，肖钠. 基于学术社交平台的学术出版价值链延伸［J］. 情报资料工作，2019，40（6）：44-50.

［340］杨海娟. 社会化问答网站用户贡献意愿影响因素实证研究［J］. 图书馆学研究，2014（14）：29-47.

［341］杨慧，王舒婷. 品牌拟人化对消费者价值共创的影响机制研究［J］.

江西社会科学，2020，40（7）：201-210+256.

　　[342] 杨隽萍，彭学兵，廖亭亭．网络异质性、知识异质性与新创企业创新［J］．情报科学，2015（4）：40-45.

　　[343] 杨利军．供应链知识协同对企业竞争力提升的作用分析［J］．科技管理研究，2011（5）：173-175.

　　[344] 杨学成，涂科．平台支持质量对用户价值共创公民行为的影响——基于共享经济背景的研究［J］．经济管理，2018（3）.

　　[345] 杨寅红．盛大文学全版权运营模式研究［D］．兰州大学，2013.

　　[346] 姚鹏．农业品牌真实性和网络口碑对顾客价值共创意愿的影响［J］．安徽农业科学，2018，46（34）：215-220.

　　[347] 姚小涛，席酉民．管理研究与社会网络分析［J］．现代管理科学，2008（6）：19-21.

　　[348] 叶江峰，任浩，陶晨．知识异质度推进企业创新的机制研究——基于文献回顾与整体框架构建［J］．科学学与科学技术管理，2014，35（9）：120-129.

　　[349] 尤成德，张建琦，赵兴庐．金字塔底层的随创式包容性创新［J］．中国科技论坛，2021（1）：147-155.

　　[350] 尤莉．大学跨学科团队知识异质性与创新绩效关系的实证研究［J］．国家教育行政学院学报，2017（3）：62-69.

　　[351] 余本功，李婷，杨颖．基于多属性加权的社会化问答社区关键词提取方法［J］．图书情报工作，2018，62（5）：132-139.

　　[352] 余义勇，杨忠．价值共创的内涵及其内在作用机理研究评述［J］．学海，2019（2）：165-172.

　　[353] 张闯，林曦．渠道权力结构的网络效应研究——从渠道权力研究的"二元范式"到"三元结构"［J］．山西财经大学学报，2008（11）：6-12.

　　[354] 张丹凤．分享与参与：知乎网的使用与满足研究［D］．郑州大学，2018.

　　[355] 张海涛，孙彤，张鑫蕊，周红磊．社会化问答社区用户角色转变的动力机理研究［J］．现代情报，2020，40（9）：32-41.

　　[356] 张杰盛，李海刚，韩丽川．虚拟社区互动性对迭代创新绩效影响的实证研究［J］．工业工程与管理，2017，22（5）：128-134.

　　[357] 张娟娟，袁勤俭，黄奇，杜楠楠．虚拟社区隐性知识共享及其改进

策略 [J]. 图书馆理论与实践, 2014 (10): 105-108.

[358] 张明立, 涂剑波. 虚拟社区共创用户体验对用户共创价值的影响 [J]. 同济大学学报 (自然科学版), 2014, 42 (7): 1140-1146.

[359] 张琦. "平安好医生" 垂直平台价值共创机制的优化策略研究 [D]. 兰州大学, 2019.

[360] 张青. 跨界协同创新运营机理及其案例研究 [J]. 研究与发展管理, 2013, 25 (6): 114-126.

[361] 张蕎. 基于信任水平下的虚拟社区用户知识共享行为演化博弈分析 [J]. 现代情报, 2014, 34 (5): 161-165.

[362] 张薇薇, 朱杰. 在线知识社区贡献者身份对内容质量的影响研究 [J]. 现代情报, 2019, 39 (8): 103-110.

[363] 张小强, 杜佳汇. 中国大陆 "新媒体研究" 创新的扩散: 曲线趋势、关键节点与知识网络 [J]. 国际新闻界, 2017 (9).

[364] 张新圣, 李先国. 虚拟品牌社区特征对消费者价值共创意愿的影响——基于满意与信任中介模型的解释 [J]. 中国流通经济, 2017, 31 (7): 70-82.

[365] 张野. 基于异质性的 OKC 知识与社会系统协同演化研究 [D]. 大连理工大学, 2016.

[366] 张镒, 刘人怀, 陈海权. 互补性视角下互联网平台企业创新机制研究 [J]. 中国科技论坛, 2020 (7): 132-140.

[367] 赵书松. 中国文化背景下员工知识共享的动机模型研究 [J]. 南开管理评论, 2013 (5): 26-37.

[368] 赵晓煜, 孙福权. 协同创新社区中领先用户的自动识别方法 [J]. 武汉理工大学学报, 2014, 36 (4): 537-545.

[369] 赵欣, 黄思萌. 专业虚拟社区知识搜寻与知识贡献的前因机制比较 [J]. 情报杂志, 2017, 36 (12): 180-185+137.

[370] 赵欣, 李佳倩, 赵琳, 刘倩. 在线社区的知识增殖: 用户行为与用户信任的互惠关系研究 [J]. 现代情报, 2020, 40 (10): 84-92.

[371] 钟琦, 杨雪帆, 吴志樵. 平台生态系统价值共创的研究述评 [J]. 系统工程理论与实践, 2020 (11): 1-16.

[372] 周文辉, 邓伟, 陈凌子. 基于滴滴出行的平台企业数据赋能促进价值共创过程研究 [J]. 管理学报, 2018, 15 (8): 8-17.

［373］周文辉，张崇安．互联网知识付费平台商业模式的构建路径——赋能视角的案例研究［J］．管理现代化，2020（3）．

［374］周莹莹，高书丽，陈建斌．研发团队知识协同动机研究——基于组织学习的视角［J］．科技管理研究，2019，39（2）：140-148.

［375］周志雄．对原创文学网站的考察与思考［J］．山东师范大学学报（人文社会科学版），2009，54（4）：94.

［376］朱朝晖．探索性学习，挖掘性学习和创新绩效［J］．科学学研究，2008（8）：860-867.

［377］朱勤，孙元，周立勇．平台赋能、价值共创与企业绩效的关系研究［J］．科学学研究，2019，37（11）：2026-2033+2043.

［378］朱思文，游达明．网络环境下企业知识创新的竞合博弈［J］．系统工程，2010，30（10）：98-102.

［379］朱亚丽．基于社会网络视角的企业间知识转移影响因素实证研究［D］．浙江大学，2009.

［380］祝振铎，李新春．新创企业成长战略：资源拼凑的研究综述与展望［J］．外国经济与管理，2016，38（11）：71-82.

［381］左美云，姜熙．中文知识问答分享平台激励机制比较分析：以百度知道、腾讯搜搜问问、新浪爱问知识人为例［J］．中国信息界，2010（11）：25-30.

附录一 知识型平台——"知乎"价值 共创机制研究的开放式访谈提纲

您好,我是北京联合大学的研究生,目前正在研究"知乎"的价值共创机制,想要了解您使用知乎的动机、行为、结果,感知到的平台策略支持与用户相关特性等内容。我们的研究需要参考您使用"知乎"的切身体会,希望您可以参与我们的访谈和调查,非常感谢您的配合。

(1)您的喜好、职业、目前所在地区、受教育程度以及用一句话评价一下自己。

(2)您在知乎关注的领域单一或宽泛?您在知乎是较多的跟随行为还是创新行为?谈一谈您认为您作为知乎用户的特点。

(3)您使用知乎的原因或目的是什么?在知乎平台都关注过哪些话题内容?主要为了获得哪些需求的满足?(请尽量多地列举,可以从娱乐、经济、知识、社交等方面具体描述。)

(4)您在知乎平台中经常参与的价值共创活动有哪些?例如,您经常回答、提问、知识付费或给别人点赞吗?

(5)谈谈你所感知到的平台技术支持,对各种技术(数字内容、数字连接、AI 推荐、AI 过滤技术、审核技术、用户流量调节等)的感受、评价。

(6)针对知乎平台创作者中心(包括创作数据、内容创收、权益保护、创作指南等内容),谈谈你自己的感受。

(7)请您从知识价值、社交价值、经济价值、娱乐价值四个方面,谈一谈您觉得知乎给您带来了什么价值,平台自身获得了什么价值?

附录二 "知乎"价值共创机制研究的调查问卷

尊敬的女士、先生：

您好，我是北京联合大学的研究生，正在对"知乎"价值共创机制进行研究，"知乎"用户是本研究的对象。问卷形式为匿名调查，收集的问卷数据只用于本书，没有任何商业用途，请放心作答，您的所有选择完全保密。问卷采用李克特5级量表（1＝非常不同意；2＝不同意；3＝一般；4＝比较同意；5＝非常同意），针对下面的描述性语句，请在最符合您意向的后面打对号。题目没有对错之分，按照实际情况作答即可。感谢您的支持！

第一部分：基本信息

（1）性别：
　　□ 男　　　　　　　□ 女
（2）年龄：
　　□ 18 岁及以下　　□ 19~25 岁　　　□ 26~30 岁
　　□ 31~40 岁　　　 □ 40 岁以上
（3）学历：
　　□ 初中及以下　　　□ 高中　　　　　□ 中专技校
　　□ 大专　　　　　　□ 本科　　　　　□ 硕士及以上
（4）职业：
　　□ 企业从业人员　　□ 个体经营者　　□ 政府机关、事业单位
　　□ 学生　　　　　　□ 自由职业者　　□ 其他
（5）生活的城市：
　　□ 一线及新一线城市　□ 二、三线城市　□ 四、五线城市
　　□ 乡镇及农村

（6）使用知乎时间：

    ☐ <1 年   ☐ 1~3 年   ☐ 3~7 年

    ☐ 7 年以上

（7）初次使用原因：

    ☐ 被知乎邀请   ☐ 被知乎投放的广告吸引 ☐ 朋友推荐

    ☐ 自己浏览发现（通过微博、百度等平台内一些来源于知乎的回答）

（8）初次使用动机：

    ☐ 信息   ☐ 娱乐   ☐ 社交

    ☐ 经济   ☐ 利他   ☐ 声誉

第二部分：问卷主体部分

针对下面的问题，请选择最符合您观点的分数。（1＝非常不同意；2＝不同意；3＝一般；4＝比较同意；5＝非常同意）

题项	1	2	3	4	5
（一）参与状态信息					
（1）相对于知乎大多数用户来说，我的收入和生活水平比较高					
（2）我在知乎关注的内容、领域比较宽泛					
（3）我感觉自己在知乎平台具有比较大的影响力					
（4）我感觉自己在知乎上能够做出有价值回复的领域较多					
（5）在知乎上我更多的是引领大家的讨论，会提出新的话题或开发新的领域					
（二）平台策略					
（6）知乎推荐的内容适合我阅读					
（7）知乎推荐的内容信息是我想看的					
（8）知乎推荐的内容可以一直与我的兴趣相匹配					
（9）知乎自动邀请我回答的问题比较适合我回答					
（10）推荐的内容可以涵盖多个领域					
（11）随着使用知乎时间的增长，推荐的内容也能保持多样					
（12）推荐的内容能够涵盖我多方面的兴趣					
（13）推荐的内容会随着我兴趣的变化而变化					

题项	1	2	3	4	5
（14）在知乎中我看过的内容不会经常重复					
（15）我能够看到与时俱进的热门内容					
（16）推荐过我未曾关注的内容，但我非常感兴趣					
（17）知乎的推荐系统能够挖掘我潜在的喜好					
（18）知乎推荐的内容拓展了我的个人兴趣点					
（19）知乎推荐的内容有时会提供意料之外的信息帮助					
（20）知乎盐值体系的分值、专栏作家勋章等能够激励我参与平台互动					
（21）知乎创作中心能够让我了解自己的创作水平、被认可程度					
（22）知乎通过多种形式的变现渠道能吸引提高我贡献内容的持续性					
（23）知乎邀请很多"机构"、"大V"入驻					
（24）在知乎我可以屏蔽掉特定的问题/关键词					
（25）知乎的举报机制能够有效避免人身攻击、政治问题等不友好内容					
（26）知乎会为用户提供方便获取的免费、优质内容合辑					
（27）知乎会为用户提供优质、付费的长短篇内容					
（三）用户作为贡献者的动机					
（28）为了分享我的观点					
（29）为了与朋友交谈时有更多的谈资					
（30）为了结交新朋友					
（31）为了通过平台赞赏功能、知乎 live、品牌任务、视频收益等直接获利					
（32）为了通过接广告、赚稿费、卖产品、为其他平台引流等间接获利					
（33）为了帮助别人					
（34）我觉得在知乎输出内容、多互动、多进入圈子社交有利于提高声誉					
（四）用户作为需求者的动机					
（35）为了获取一些专业知识					
（36）为了扩大自己的知识面					
（37）好奇别人的生活体验和发现新奇另类的事物					
（38）遇到困惑寻求帮助、获取信息					
（39）为了提高自己、改变自己					
（40）为了消磨时间					
（41）为了开发自己的兴趣爱好					

题项		1	2	3	4	5
（42）为了找寻有趣的话题和答案						
（五）知识协同行为						
用户参与水平	（43）我经常浏览一些内容					
	（44）我经常对知识内容点 赞同/喜欢					
	（45）我经常收藏一些 回答/话题					
	（46）我经常邀请别人回答问题					
	（47）我会帮助举报违规问题/回答/用户					
用户贡献水平	（48）我经常提问					
	（49）我经常回答问题					
	（50）我经常评价别人的回答					
	（51）我会参与公共编辑（修改别人的问题描述、写话题的说明等）					
	（52）我会为我所需要的内容付费					
	（53）我尽量不发布低质量的回答或提问					
（六）价值共创结果						
知识资本价值	（54）通过知乎，我的经验、技巧有增加					
	（55）通过知乎，我的问题得到了解决					
	（56）在知乎我与其他用户信息共享、互相学习					
	（57）知乎平台的知识资源越来越丰富					
	（58）知乎内容具有创造性和原创性					
	（59）知乎用户水平较高					
	（60）我在知乎较快地找到想要的答案					
	（61）我在知乎较快地进行高质量的创作					
社会资本价值	（62）在知乎中我与其他用户相互尊重					
	（63）在知乎中为我提供帮助的人很多					
	（64）在知乎中我的社会交往和联系比较广泛					
	（65）我与不同行业的组织、机构、个人建立了联系					
	（66）知乎拥有用户数量巨大					
	（67）知乎用户粘性较大					
	（68）知乎平台与许多机构都建立联系或者合作					
	（69）投资机构比较看好知乎					

续表

	题项	1	2	3	4	5
经济价值	（70）在知乎我可以通过知识获得经济方面的收益					
	（71）知乎平台商业化做得很好（通过会员、品牌入驻、广告等获得收益）					
	（72）知乎的知识付费发展得很好					
娱乐价值	（73）用知乎打发了我很多无聊的时光					
	（74）融入知乎使我放松了心情					
	（75）知乎有时让我从众多的压力和责任中解脱出来					